Grundlagen der Elektrotechnik.
III. Teil.

Herstellung und Wartung elektrischer Anlagen

von

O. Kirstein.
Beratender Ingenieur.

Mit 99 Abbildungen und vielen Tabellen.

Berlin W
Verlag von M. Krayn.
1923.

Kirstein

Herstellung und Wartung elektrischer Anlagen.

Grundlagen der Elektrotechnik

von

O. Kirstein
Beratender Ingenieur.

I. Teil: Einführung in die Grundlagen der Elektrotechnik.
II. Teil: Einführung in den Bau und die Wirkungsweise der elektrischen Maschinen.
III. Teil: Herstellung und Wartung elektrischer Anlagen.

Berlin W
Verlag von M. Krayn.
1923.

Herstellung und Wartung elektrischer Anlagen

von

O. Kirstein.
Beratender Ingenieur.

Mit 99 Abbildungen und vielen Tabellen.

Berlin W
Verlag von M. Krayn.
1923.

Vorwort.

Das vorliegende Buch soll dem Installateur alles Wissenswerte bieten, es ist aus der Praxis für die Praxis. Viele Erfahrungen, .welche ich in meiner langjährigen Tätigkeit gesammelt habe, sind hier niedergelegt, um bei Herstellung und Wartung von elektrischen Anlagen dem Fachmann zur Verfügung zu stehen. Eine große Zahl von Tabellen, welche ich mir gesammelt habe, sind in den verschiedenen Kapiteln eingefügt, sie werden bei der Projektierung manche wertvolle Hilfe bieten.

Den Firmen, welche Abbildungen für den Druck zur Verfügung gestellt haben, spreche ich meinen Dank aus.

Anregungen aus Fachkreisen für eine Erweiterung des Textes bitte ich an den Verlag zu richten.

Berlin W 15, im Juni 1923.

O. Kirstein.

Inhaltsverzeichnis.

Maßeinheiten.

Nach dem Reichsgesetz vom 1. Juni 1898 sind die gesetzlichen Einheiten für elektrische Messungen das Ohm, das Ampere und das Volt.

Ohm.

Das Ohm ist die Einheit des elektrischen Widerstandes. Es wird dargestellt durch den Widerstand einer Quecksilbersäule von der Temperatur des schmelzenden Eises, deren Länge bei durchweg gleichem, einem Quadratmillimeter gleich zu achtenden Querschnitt 106,3 cm und deren Masse 14,4521 g beträgt.

Ampere.

Das Ampere ist die Einheit der elektrischen Stromstärke. Es wird dargestellt durch den unveränderlichen elektrischen Strom, welcher bei dem Durchgang durch eine wässerige Lösung von Silbernitrat in einer Sekunde 0,001118 g niederschlägt.

Volt.

Das Volt ist die Einheit der elektromotorischen Kraft. Es wird dargestellt durch die elektromotorische Kraft, welche in einem Leiter, dessen Widerstand ein Ohm beträgt, einen elektrischen Strom von einem Ampere erzeugt.

Widerstand und Leitfähigkeit von Leitern und Nichtleitern.

In der folgenden Tabelle sind Angaben gemacht über den spezifischen Widerstand, die spezifische Leitfähigkeit und den Temperaturkoeffizienten von Leitern, ferner in einer Tabelle Angaben des spezifischen Widerstandes in Megohm für Nichtleiter.

A. Leiter.

Material	Spez. Widerstand	Spez. Leitfähigkeit	Temperaturkoeffizient
Aluminium, gewalzt	0,02874	34,8	0,0037
Blei	0,2	5,0	0,0037
Eisenblech	0,13	7,7	0,0046
Eisendraht	0,135	7,5	0,0046
Gold	0,022	45	0,0035
Graphit	12—100	0,085—0,1	0,00008—0,00002
Kupfer, rein	0,0162	58	0,004
Magnesium	0,0455	22	0,0038
Messingdraht	0,085	12	0,0012
Neusilber	0,38	2,7	0,002
Nickel	0,11	9	0,004
Platinsilber	0,20	5	0,0002
Platin	0,094	10,7	0,00235
Quecksilber	0,9532	1,049	0,000873
Silber, weich	0,0158	63,3	0,0036
Silber, hart	0,0175	57	0,0036
Stahldraht	0,172	5,8	0,0052
Zink	0,061	16,5	0,0039
Zinn	0,12	9,2	0,0045
Konstantan	0,488	2,05	0,00003
Manganin	0,43	2,33	0,00001
Kruppin	0,85	1,17	0,0007
Nickelin	0,4	2,5	0,00022
Rheotan	0,47	2,1	0,00023
Wismut	1,39	0,72	0,0035

B. Nichtleiter (Isolatoren).

Material	Spez. Widerstand in Megohm/cm	Material	Spez. Widerstand in Megohm/cm
Benzin	14 000 000	Mikanit	6 500 000 000
Benzol	1 300	Olivenöl	1 000 000
Glas	8 200 000	Ozokerit, roh	450 000 000
Glimmer	2 300 000	Paraffin	3 900 000 000
Hartgummi	4 200 000 000	Paraffinöl	8 000 000
Hartporzellan	30 000 000 000	Preßspan	11 000
Holzteer	1 700 000 000	Stabilit	24 000 000
Linoleum	1 300 000	Vulkanfiber	53
Marmor	495	Zelluloid	71 000 – 79 000

Wie aus Tabelle A ersichtlich, hat Silber den geringsten Widerstand, dann folgt Kupfer. Der Widerstand des Graphits ist dagegen ein sehr hoher, er ist fast tausendmal größer als der des Kupfers.

Da Kupfer nächst dem Silber den geringsten Widerstand hat, so wird dasselbe in der Elektrotechnik in großen Mengen benutzt.

Pferdestärke und Watt.

Unter Kraft versteht man die Ursache einer Bewegung oder die Ursache einer Bewegungsänderung. Wir messen die Kraft in Kilogramm (kg) und den zurückgelegten Weg in Metern (m).

Das Produkt aus Kraft und Weg nennen wir Arbeit, welche wir in Meterkilogramm (mkg) messen. Eine Arbeitsleistung von 75 mkg in einer Sekunde heißt eine Pferdestärke (1 PS).

$$1 \text{ PS} = 75 \text{ mkg}.$$

Die englische Pferdestärke (horsepower HP) entspricht nicht ganz der deutschen Pferdestärke (PS), sie ist etwas größer.

Es ist 1 HP = 550 Fußpfund, wobei 1 Pfund = 0,454 kg und 1 Fuß = 0,305 m ist. Eine englische Pferdestärke ist demnach = 550 · 0,454 · 0,305 kg = 76,159 mkg.

Der Unterschied zwischen der deutschen und der englischen Pferdestärke beträgt demnach 1,159 mkg, es ist also

$$1 \text{ HP} = 1{,}0155 \text{ PS und}$$
$$1 \text{ PS} = 0{,}9847 \text{ HP}.$$

In der Elektrotechnik messen wir die Arbeit in Watt, und zwar ist

$$1 \text{ Watt} = 1 \text{ Volt} \times \text{Amp}.$$
$$1 \text{ kW} = 1000 \text{ Volt} \times \text{Amp}.$$

Zwischen der mechanischen Arbeit, welche wir in PS ausdrücken, und der elektrischen, welche wir in Watt resp. Kilowatt ausdrücken, besteht folgender Zusammenhang:

$$1 \text{ PS} = 735 \text{ Watt} = 0{,}735 \text{ Kilowatt}.$$

Ferner ist

1 HP = 746 Watt = 0,746 Kilowatt.

Hieraus ist leicht zu berechnen

1 kW = 1,36 PS = 1,34 HP.

In nachstehender Tabelle sind die Beziehungen in kW und PS gegeben:

kW	PS	kW	PS
1	1,36	3,5	4,76
1,1	1,50	4,0	5,44
1,2	1,63	4,5	6,12
1,3	1,77	5,0	6,80
1,4	1,90	5,5	7,48
1,5	2,04	6,0	8,16
1,6	2,18	6,5	8,84
1,7	2,31	7,0	9,52
1,8	2,45	7,5	10,20
1,9	2,58	8,0	10,88
2,0	2,72	8,5	11,56
2,5	3,40	9,0	12,24
3,0	4,08	9,5	12,92

PS	kW	PS	kW
1	0,735	3,5	2,576
1,1	0,810	4,0	2,940
1,2	0,883	4,5	3,312
1,3	0,957	5,0	3,680
1,4	1,030	5,5	4,048
1,5	1,104	6,0	4,416
1,6	1,177	6,5	4,784
1,7	1,251	7,0	5,152
1,8	1,324	7,5	5,520
1,9	1,398	8,0	5,880
2,0	1,470	8,5	6,256
2,5	1,840	9,0	6,624
3,0	2,208	9,5	6,992

Schaltungen.

Bei der Reihenschaltung sind sämtliche Verbrauchsapparate mit dem Stromerzeuger hintereinander geschaltet. In Fig. 1 bezeichnen I und II die beiden Pole einer Leitung, von welcher die drei Bogenlampen A, B und C gespeist werden.

In der Leitung fließt ein Strom von 10 Amp. Jede Lampe erhält somit 10 Amp., wobei die Spannung der Lampen eine verschiedene sein kann. So habe B eine solche von 40 Volt, A und C von je 30 Volt.

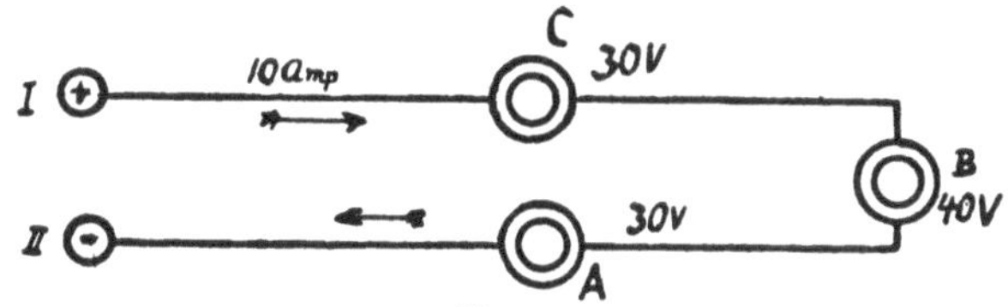

Fig. 1.

Wird die Leitung an irgendeiner Stelle unterbrochen, so ist die Stromzuführung unterbrochen. Sämtliche Lampen müssen gleichzeitig erlöschen. Dies ist ein erheblicher Nachteil der Serienschaltung.

Bei der Parallelschaltung (Fig. 2) liegen sämtliche Verbrauchsapparate unabhängig voneinander an den beiden

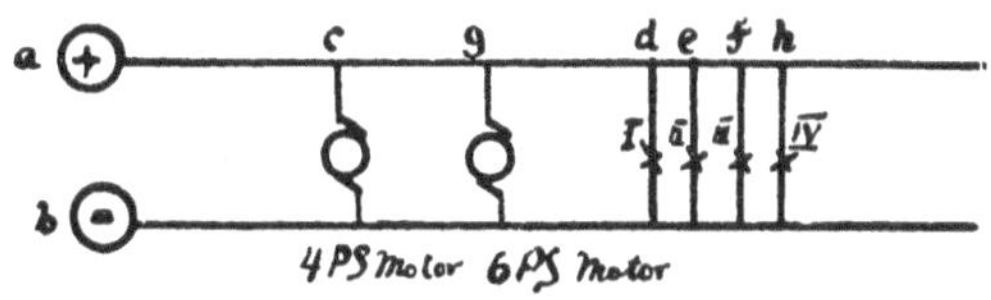

Fig 2.

Leitungen. So können Lampen mit geringster Stromstärke neben größten Motoren an derselben Leitung hängen, ohne daß irgendeine Störung zu befürchten ist. Alle Verbrauchsapparate sind unabhängig voneinander. Wenn der Motor von 4 PS z. B. ausgeschaltet wird, hat dies keinen Einfluß auf den Motor von 6 PS und auf die Lampen I, II, III und IV.

Ebenso können von den Lampen einzelne abgeschaltet und zugeschaltet werden, ohne daß der Betrieb der Motoren irgendwie gestört wird.

Der Strom kommt von a und fließt nach den Punkten c, d, e, f, g und h, von hier aus fließt er von c nach dem 4 PS-Motor, von d, e, f und h zu den drei Glühlampen I, II, III und IV und von g zu dem 6 PS-Motor.

Bedingung für gleichzeitigen Betrieb ist nur, daß die Verbrauchsapparate gleiche Spannung haben.

Stromsysteme.

Bei Gleichstromanlagen ist das Zweileitersystem und das Dreileitersystem das gebräuchlichste.

Bei dem Zweileitersystem führen von der Stromerzeugungsstelle zwei Leitungen durch das zu versorgende Gebiet. An den Entnahmestellen werden von der Hauptleitung Abzweigleitungen verlegt, an welche die einzelnen Abnehmer angeschlossen werden. Glühlampen und Motoren liegen parallel am Netz (Fig. 2), Bogenlampen werden in Serie geschaltet (Fig. 1).

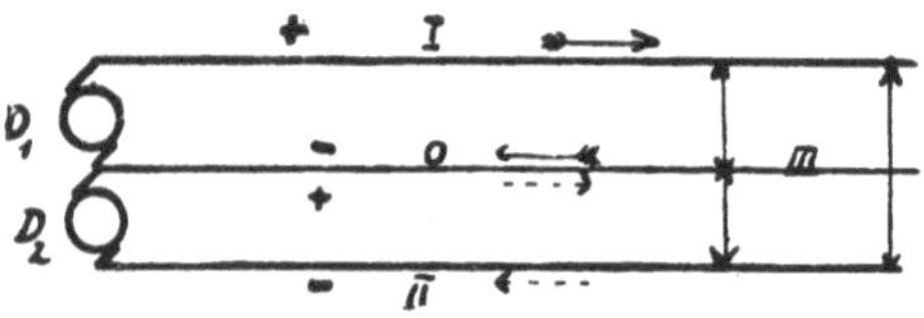

Fig. 3.

Beim Dreileitersystem führen von der Stromerzeugungsstelle drei Leitungen durch das Versorgungsgebiet. Die beiden äußeren Drähte nennt man Außenleiter (Fig. 3), den mittleren Mittel- oder Nulleiter. Zwischen den Außenleitern besteht die doppelte Spannung wie zwischen dem Nulleiter und jedem Außenleiter. In Fig. 4 ist z. B. die Außenleiterspannung 220 Volt; die Spannung zwischen dem Nulleiter und jedem Außenleiter beträgt 110 Volt. Bei einer Außenleiterspannung von 440 Volt erhält man so eine Spannung von 220 Volt zwischen jedem Außenleiter und Nulleiter.

Fig. 4.

Glühlampen werden auf einen Außenleiter und den Nulleiter (Fig. 5), Motoren auf die beiden Außenleiter geschaltet.

Fig. 3 zeigt die Stromrichtung in den Leitungen und die Hintereinanderschaltung der beiden Dynamos. Die Dreileiteranlagen haben stets geerdete Nulleiter, sie haben gegenüber Zweileiteranlagen den Vorteil, daß nur die halbe Stromstärke in den Außenleitern nötig ist, da die Spannung die doppelte ist.

Unter Zugrundelegung gleicher Verhältnisse kann man somit den Querschnitt auf den vierten Teil vermindern gegenüber einer Zweileiteranlage, oder eine derartige Anlage kann die vierfache Leistung bei gleichem Querschnitt liefern.

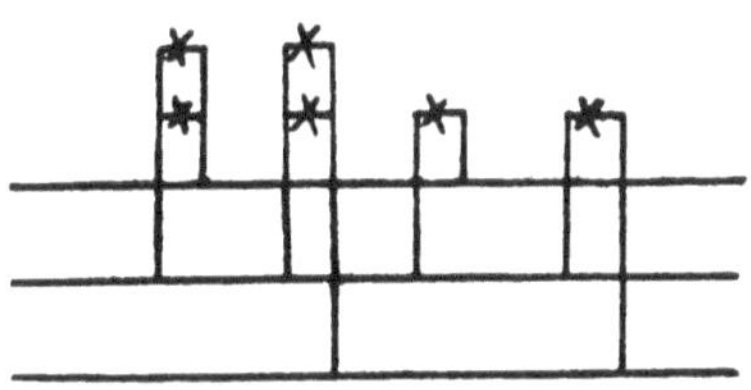

Fig. 5.

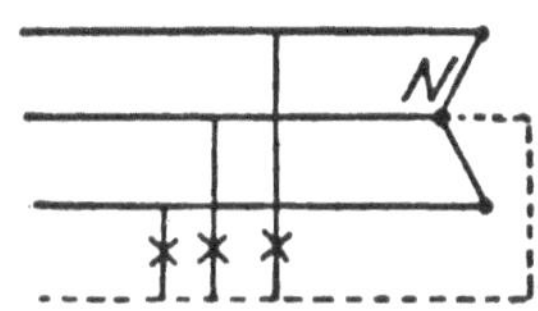

Fig. 6

Da der Strom im Nulleiter stets geringer ist als der Strom in den Außenleitern, so kann der Querschnitt desselben geringer gewählt werden als der der Außenleiter.

Bei Drehstrom werden von der Dynamo drei Leitungen fortgeführt, welche denselben Querschnitt haben müssen.

Man unterscheidet Stern- und Dreieckschaltung.

Bei der Sternschaltung (Fig. 6) werden die Lampen so geschaltet, daß sie mit dem einen Pol an einer Leitung (Phase) liegen, während der andere Draht zu einem, allen drei Leitungen gemeinsamen Punkte, dem Nullpunkte, geführt wird. Von diesem Punkte wird bei Sternschaltung eine vierte Leitung durch die Anlage geführt, an welche Glühlampen angeschlossen werden. Motoren werden an die drei Phasen angeschlossen.

Die Spannung zwischen dem neutralen Punkte N (Fig. 6) und einer Phase ist gleich der Phasenspannung dividiert durch 1,73[1]). Bei einer Netzspannung von 208 Volt erhält man demnach eine Spannung von 120 Volt zwischen der Phase und dem Nulleiter, und bei 380 Volt eine solche von 220.

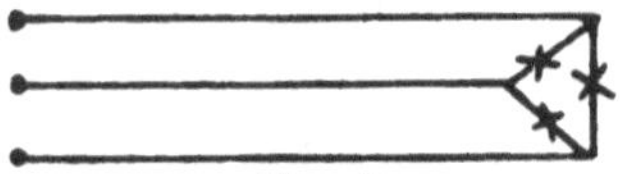

Fig. 7.

Bei der Dreieckschaltung (Fig. 7) werden die Apparate stets zwischen zwei Phasen geschaltet. Die Spannung in Motoren und Lampen ist gleich der Netzspannung.

Schalter.

Die Schalter bilden einen wesentlichen Teil der Anlage, vielleicht den Teil, welcher in Beleuchtungsanlagen am häufigsten benutzt wird.

Sie müssen so gebaut sein, daß beim ordnungsmäßigen Unterbrechen der Leitung ein Lichtbogen nicht stehen bleiben kann. Um dies zu erreichen, werden die Schalter mit Momentschaltung versehen, welche ein Stehenbleiben der Schaltfedern unmöglich macht. Dies wird durch eine Feder bewirkt, welche den Schalter herausreißt, sobald er in eine bestimmte Lage gebracht ist. Der Schaltende ist somit nicht mehr in der Lage, auf die Stellung des Schalters einen Einfluß auszuüben. Sobald vielmehr die Feder gespannt ist, schnellt der Schalter von selbst heraus.

Bei Schaltern bis zu 5 kW, also in der Hauptsache für alle Schalter, welche in Hausinstallationen verwendet werden, ist Momentschaltung Bedingung. Sie sollen nur an den Verbrauchsapparaten oder in festverlegten Leitungen angebracht werden.

Auf dem Schalter muß die für ihn zulässige Stromstärke und Spannung vermerkt sein.

Um eine Berührung der stromführenden Teile zu verhüten, müssen die Schalter mit Kappen aus Isoliermaterial

[1]) Vgl. Spennrath-Kirstein, Grundlagen der Elektrotechnik, Teil 2, Seite 91 u. f.

versehen sein. Der Überzug metallener Schutzkappen innen oder außen mit einer isolierenden Schicht ist nicht zu empfehlen, da diese Schicht im Laufe der Zeit leicht abbröckelt, so daß dann der Schutz nicht mehr sicher gewährleistet ist. Auch die Griffe sollten aus Isoliermaterial hergestellt sein, damit eine Verletzung der bedienenden Personen vermieden wird. Ferner muß bei der Montage der Schalter sorgfältig darauf geachtet werden, daß nicht etwa Drähtchen von Litzen die Knebel berühren, da hierdurch leicht Kurzschlüsse, vornehmlich bei mehrpoligen Schaltern, verursacht werden können.

Für Beleuchtungsanlagen dürfen einpolige Schalter benutzt werden, bei anderen Verbrauchsapparaten müssen alle Pole abgeschaltet werden, und zwar gleichzeitig.

Fig. 9.

Fig. 10.

Fig. 8.

Fig. 11.

Die einfachsten Schalter sind die Ausschalter (Fig. 8), welche als ein-, zwei- und dreipolige Schalter erhältlich sind. Ihre Schaltung ist in Fig. 9—11 dargestellt. Fig. 9 zeigt einen einpoligen Schalter, bei welchem nur die Leitung unterbrochen oder eingeschaltet wird, in welcher der Schalter liegt.

Fig. 10 zeigt einen zweipoligen Schalter, welcher beide Leitungen trennt oder zuschaltet, Fig. 11 einen dreipoligen Schalter, bei welchem die drei Leitungen gleichzeitig ein- und ausgeschaltet werden.

Die Montage der Schalter ist eine einfache. Die Drähte werden in die an den Schleiffedern befindlichen Büchsen hineingesteckt, nachdem die Isolation auf eine kurze Strecke entfernt ist. Hierauf werden die Drähte mittels der Schräubchen festgezogen. Dieses Festschrauben muß sehr sorgfältig geschehen, damit ein genügender Kontakt erzielt wird. Geschieht dies nicht, so besteht die Gefahr, daß an dieser Stelle Erwärmungen eintreten können.

In Wohnräumen werden sehr viel Umschalter und Wechselschalter gebraucht.

Die Gruppen- oder Serienschalter dienen dazu, an einem größeren Beleuchtungskörper in der Lage zu sein, nur einen Teil der Lampen oder alle gleichzeitig zu brennen. Hierzu wird ein Serienschalter nach Fig. 12 benutzt. An einer Krone mit sechs Lampen sollen entweder gleichzeitig alle sechs Lampen oder nur drei brennen. Zu dem Umschalter führen drei Leitungen, ebenso zu der Krone.

Die Serienschalter sind einpolige Schalter, sie liegen nur in einem Pol, und zwar sollen sie in den stromführenden gelegt werden.

Beim Anschließen des Beleuchtungskörpers ist darauf zu achten, daß von jeder Lampe nur eine Leitung für den Anschluß genommen wird. Um hierbei sicher zu gehen, empfiehlt es sich, die einzelnen Drähte mit einem Galvanoskop auszuprüfen.

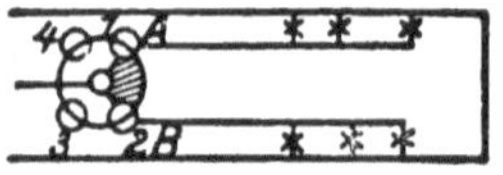

Fig. 12.

Diese Drähte werden an einer Stelle gemeinsam verbunden und verlötet. Die Drähte werden zu dreien (Fig. 12) verbunden und an die Schalterleitung angeschlossen. Die anderen Drähte werden an die Rückleitung abgeschlossen.

Die Wirkungsweise des Schalters ist aus der Fig. 12 ersichtlich. In der gezeichneten Stellung 1, 2 brennen die Lampen A und B, in Stellung 4, 1 die Lampen A, in Stellung 2, 3 die Lampen B, in 3, 4 sind alle Lampen ausgeschaltet.

In gleicher Weise werden Serienschalter für drei Gruppen von Lampen an Beleuchtungskörpern hergestellt.

Wenn Lampen auf Korridoren, Treppen usw. angelegt werden, ist meist der Wunsch vorhanden, die Lampen von zwei Stellen betätigen zu können. So sollen z. B. auf Treppen Lampen von verschiedenen Stockwerken ein- und ausgeschaltet werden können. Ebenso sollen in Schlafzimmern die Lampen an der Tür eingeschaltet und am Bett ausgeschaltet werden können und umgekehrt.

Diesem Zwecke dienen Wechselschalter. Die Schaltung ist aus Fig. 13 ersichtlich. Zwischen den beiden Wechselschaltern wird eine Doppelleitung verlegt, der eine Schalter wird an die Stromzuführung angeschlossen. Von dem anderen Schalter führt eine Leitung zu den Lampen, welche an die andere Leitung angeschlossen werden. Liegen die Schalter auf A_1 und B_1, so brennt die Lampe. Wird der Schalter A in die Stellung 2 gebracht, so erlischt die Lampe. Beim weiteren Schalten des Schalters B in die Stellung 2 brennt die Lampe wieder, da jetzt der Strom über A_2 nach B_2 gelangt. Es ist hier darauf zu achten, daß die Anschlüsse richtig gewählt werden, damit nicht etwa die Leitung zu dem einen Schalter und die Ableitung von den Lampen an demselben Pol erfolgt, da dann die Lampen kurzgeschlossen sind und nicht brennen können.

Fig. 13.

Alle diese Schalter müssen in Installationen in weitestem Umfange benutzt werden, da sie den Wert der elektrischen Beleuchtung sehr erhöhen. Je mehr Schalter verwendet werden, um so bequemer und auch sparsamer ist die elektrische Beleuchtung.

Bei der Anbringung der Schalter ist stets darauf zu achten, daß dieselben in den positiven Leiter bei Gleichstrom oder in die Phase bei Wechselstrom eingebaut werden. Die Anbringung in dem Nulleiter ist falsch und unzulässig. Sollen Nulleiter abgeschaltet werden, so müssen dieselben zwangsläufig mit den Außen- oder Phasenleitungen abschaltbar sein.

In feuchten Räumen sollen nur Schalter benutzt werden, welche gegen das Eindringen der Feuchtigkeit genügend geschützt sind. In Ställen sollten Stallschalter (Fig. 14) Verwendung finden, welche mit Stangen zur Betätigung versehen sind. Sie werden möglichst hoch unter der Decke angebracht, damit die unsicheren Zuführungsleitungen zu den Schaltern vermieden werden, in denen sich leicht Kondenswasser ansammelt, das die Isolation in kurzer Zeit zerstört. In feuergefährlichen Räumen werden am besten überhaupt keine Schalter angebracht, es wird vielmehr ihre Anordnung in benachbarten Räumen vorgenommen, welche nicht gefährdet sind. Sollen Scheunen beleuchtet werden, so sind die Schalter außerhalb der Scheunen anzuordnen.

In explosionsgefährlichen Räumen dürfen Schalter nur dann eingebaut werden, wenn sie explosionssichere Gehäuse haben. In derartigen Räumen sollte nach Möglichkeit die Anbringung von Schaltern vermieden werden, da meist infolge ungenügender Wartung entstehende Fehler nicht rechtzeitig beobachtet und beseitigt werden.

In chemischen Fabriken gibt es Räume, welche nicht zur Anbringung von Schaltern geeignet sind, so sind z. B. Räume, in denen Chemikalien hergestellt werden, die Metall stark angreifen, vollkommen ungeeignet. Werden in derartigen Räumen Schalter installiert, so werden hiermit Fehlerquellen geschaffen, welche zu dauernden Störungen Veranlassung geben.

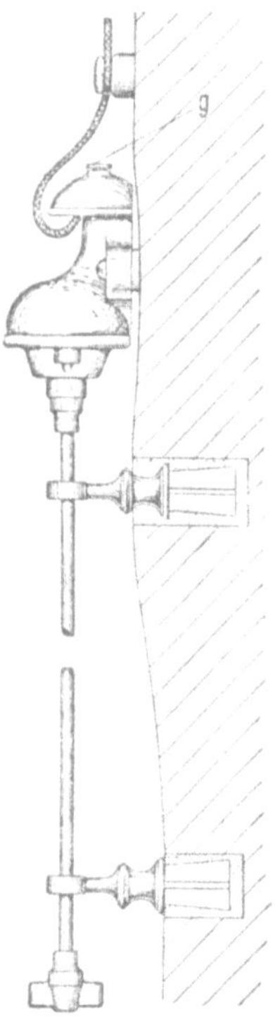

Fig. 14.

Fig. 15.

Fig. 16.

Fig. 17.

Auf Schalttafeln werden Hebelschalter benutzt (Fig. 15 bis 17), welche auf Schiefer- oder Marmortafeln sitzen. Sie werden ein-, zwei- und dreipolig verwendet.

Die Schalter müssen von Zeit zu Zeit nachgesehen werden. Oft lockern sich vor allem in Betrieben mit starken Erschütterungen die Verbindungsschrauben. Ferner werden die Schalter oft durch rauhe Behandlung von ihren Befestigungsstellen abgerissen.

Selbsttätige Schalter.

Bei größeren Motorenanlagen, Gleichstromzentralen mit Batterie und in Anschlußanlagen an Überlandzentralen werden selbsttätige Schalter verwendet, welche je nach ihrer Bauart gegen zu hohe Stromstärken oder beim Ausbleiben der Spannung Schutz gewähren sollen.

Die selbsttätigen Maximalschalter werden oft an Stelle von Sicherungen benutzt, sie haben eine Vorrichtung, welche so eingestellt wird, daß bei einer bestimmten Stromstärke ein Magnet erregt wird, welcher einen Schalter betätigt, der die dahinter liegende Anlage selbsttätig abschaltet. Da derartige Stromstöße oft nur ganz kurze Zeit auftreten, so daß sie die Anlage nicht gefährden, so werden die Maximalautomaten häufig mit Zeitrelais verbunden, welche das Abschalten erst nach einer bestimmten, genau einstellbaren Zeit veranlassen.

In Gleichstromzentralen werden Minimalautomaten eingebaut, welche verhindern, daß beim Versagen der Antriebsmaschine, welche die Dynamo treibt, die Batterie auf die Dynamo entladen wird.

In Überlandzentralen treten gelegentlich durch Störungen auf der Strecke oder in der Zentrale Stromunterbrechungen ein. Die im Betrieb befindlichen Motoren, welche mit Anlassern eingeschaltet sind, bleiben stehen und sind, wenn sie nicht abgeschaltet werden, der Gefahr des Durchbrennens ausgesetzt, wenn plötzlich wieder der Strom eingeschaltet wird. Um ein Durchbrennen zu verhindern, werden dann Spannungsrückgangschalter eingebaut, welche die Anlage in dem Augenblick abschalten, in dem die Spannung auf Null herabgeht (Fig. 18).

Der Motor ist dann bei wiedereintretendem Strome abgeschaltet und gegen Durchbrennen geschützt. Erst nach erfolgtem Einlegen des Automaten kann der inzwischen abgeschaltete Motor wieder angelassen werden.

Ölschalter erhalten in Drehstromanlagen gleichfalls Ausschaltvorrichtungen. Es werden hierbei mindestens in zwei Phasen Kontakte eingebaut, welche auf einen gemeinsamen Ausschaltapparat arbeiten. Um zu verhindern, daß das Bedienungspersonal durch Festhalten des Schaltrades den Automaten unwirksam machen kann, erhalten die Schalter Freiauslösung, d. i. die Schalter werden auch bei festgehaltenem Handrad betätigt.

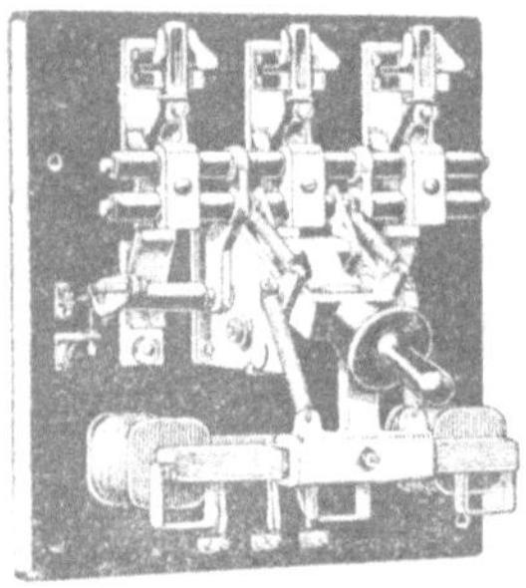

Fig. 18.

Die Einstellung der Maximalstrommagnete erfolgt bis zu dem doppelten Betriebsstrom, die Zeiteinstellung zwischen 1 und 5 Sekunden. Nullspannungsautomaten werden so eingestellt, daß bei einem Herabgehen der Spannung auf 60 % und bei völligem Fortbleiben der Spannung der Automat selbsttätig ausschaltet und ein Wiedereinschalten so lange verhindert, bis die Mindestspannung erreicht ist.

Werden in großen Anlagen mehrere Automaten hintereinander geschaltet, so ist darauf zu achten, daß die der Stromquelle am nächsten liegenden langsamer wirken als die hinter ihnen liegenden, um so zu verhüten, daß bei Störungen in einem Teile der Anlage sofort die ganze Anlage ausgeschaltet wird.

Die selbsttätigen Schalter müssen von Zeit zu Zeit nachgesehen werden, die Zeiteinstellung muß beobachtet werden, damit ein Versagen ausgeschlossen ist. Ferner muß Vorsorge getroffen werden, daß das Betriebspersonal nicht unbefugt irgendwelche Änderungen in der Einstellung vornehmen kann.

Überstromauslöser werden folgendermaßen eingestellt:

Nennstromstärke der Magnetwicklg. i. Amp.	6	10	25	40	60	75
Auslösestrom in Amp.	8—12	14—20	35—50	56—80	84—120	105—150
Nennstromstärke der Magnetwicklg. i. Amp.	100	125	160	200	265	350
Auslösestrom in Amp.	140—200	175—250	225—320	280—400	370—530	490—700

Steckvorrichtungen.

In Wohnräumen soll bei der Einrichtung niemals mit der Anbringung von Steckvorrichtungen (Fig. 19) gespart werden, da sie die Benutzbarkeit der Anlage sehr erhöhen. Ebenso ist ihre Anbringung in Bureaux und Werkstätten, vornehmlich Setzereien, Drehereien, Werkstätten der Feinmechanik usw. dringend zu empfehlen.

Fig. 19.

Fig. 20.

Fig. 21.

Auf der Dose und dem Stecker müssen Nennstromstärke und Nennspannung angegeben sein. Stecker und Dosen müssen stets für dieselbe Stromstärke und Spannung sein.

Die Kontakte müssen so versenkt sein, daß sie von außen nicht berührt werden können.

Sorgfalt ist auf die Anbringung der Verbindungsschnur zu legen. Sie muß in dem Stecker gut befestigt und isoliert werden. An der Einführungsstelle in den Stecker empfiehlt es sich, die Schnur mit Chattertoncompound oder dergleichen zu dichten. Beim Bedienen der Schnur muß darauf geachtet werden, daß stets der Stecker gezogen wird, ein Ziehen an der Schnur veranlaßt stets ein Lockern der Schnur, ein Zerreißen der Drähte und erzeugt oft an dieser Stelle Kurzschlüsse.

Der Stecker muß stets an dem beweglichen Teile sitzen, also an der Lampe, dem Bügeleisen oder dergleichen. Es ist unzulässig, den Stecker an der festen Leitung anzubringen.

Fig. 20 zeigt einen Stecker, wie er für Wohnräume zu benutzen ist. Für Werkstätten, in denen die Stecker gröberer Behandlung ausgesetzt sind, sollten Stecker gewählt werden, wie sie Fig. 21 darstellt.

Meßapparate.

Zum Messen der Stromstärke werden Amperemeter benutzt, welche eine Skala mit einer Einteilung besitzen, von der sofort der durchfließende Strom abgelesen werden kann. In Gleichstromerzeugungsanlagen werden Amperemeter angebracht, welche den Nullpunkt in der Mitte haben.

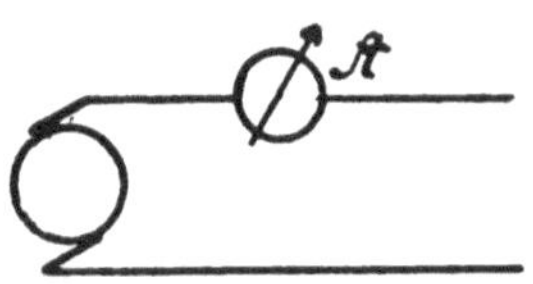

Fig. 22.

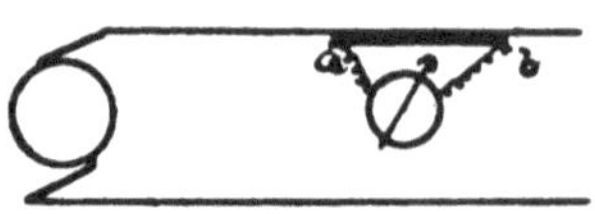

Fig. 23.

Bei der Ladung der Batterie erfolgt der Ausschlag des Zeigers nach der entgegengesetzten Richtung wie bei der Entladung. Fig. 22 zeigt die Schaltung eines Amperemeters, der Verbrauchsstrom fließt erst durch das Amperemeter und dann durch den Verbrauchsapparat. Meßapparat und Verbrauchsgegenstand sind hintereinander geschaltet.

Für große Stromstärken und für genaue Messungen werden Amperemeter benutzt, welche in Nebenschluß zu einem Präzisionswiderstand, einem Shunt, geschaltet werden (Fig. 23).

Die Größe des Widerstandes ab ist bekannt. An die Klemmen a und b werden die Klemmen eines Millivoltmeters angelegt, welches mit einer Skala versehen ist, die in Ampere geeicht ist, so daß die Stromstärke, welche in der Leitung fließt, sofort abgelesen werden kann.

Zur Messung der Spannung dienen Voltmeter, welche parallel zum Netz geschaltet werden (Fig. 24). Die Spulen bestehen aus vielen dünnen Drähten, so daß der Eigenverbrauch ein geringer ist.

In Zentralen sollen die Spannungen der abgehenden Leitungen gemessen werden, ebenso soll die Spannung der Dynamo, des Netzes und der Batterie festgestellt werden. Um mit einem Voltmeter auszukommen, wird ein Voltmeterumschalter verwendet (Fig. 25), welcher aus zwei Kreissegmenten besteht, an welche die Klemmen des Voltmeters angeschlossen werden. Über diesen Segmenten sind mehrere Kontakte angeordnet, an welche die verschiedenen Leitungen

Fig. 24.

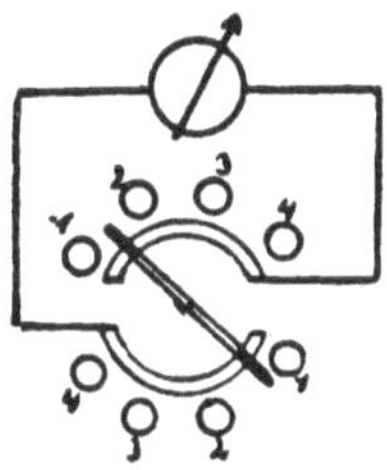

Fig. 25.

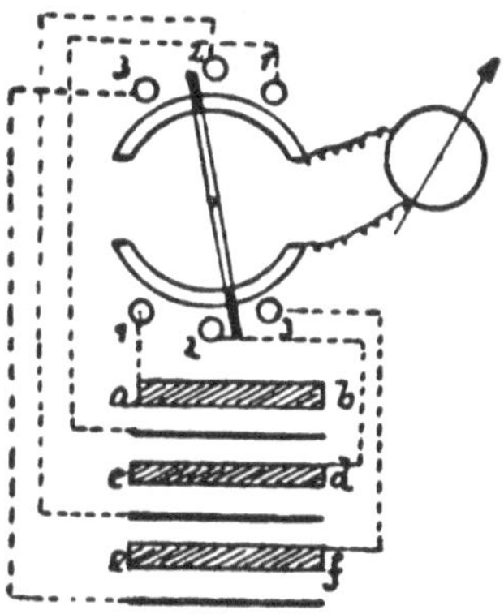

Fig. 26.

angeschlossen werden, so z. B. 1 mit den Klemmen der Dynamo, 2 mit dem Netz, 3 mit der Batterie. Um den Mittelpunkt ist ein Schleifkontakt drehbar angeordnet, welcher aus Isoliermaterial besteht und an den Enden mit auf den Segmenten schleifenden Metallfedern versehen ist. Bei Drehen des Hebels in die Stellung 1 wird die Spannung der Dynamo, bei 2 die des Netzes und bei 3 die der Batterie gemessen.

Man spart demnach zwei Meßinstrumente, wenn man Voltmeterumschalter benutzt.

In gleicher Weise können mittels eines Präzisionsamperemeters die Stromstärken verschiedener Leitungen gemessen werden. Man legt (Fig. 26) an die Segmente des eben erwähnten Umschalters die Klemmen eines Präzisionsvoltmeters, das mit einer Ampereskala versehen ist. An die Kontakte werden Shunts gelegt, welche in den verschiedenen Leitungen liegen.

Wie bekannt, ist E = J • w. Lassen wir den Strom anwachsen, so muß, da w konstant ist, auch E zunehmen. Der Zeiger des Voltmeters wird infolgedessen weiter ausschlagen. Die Skala wird nun so geeicht, daß die Ausschläge in Ampere abgelesen werden.

Sind die Widerstände ab, cd und ef gleich groß, so ist nur eine Skala nötig. Oft werden jedoch Widerstände verschiedener Größen benutzt. Die Skala muß dann für verschiedene Widerstände eingerichtet werden. So können z. B. bei Benutzung eines Widerstandes auf der ersten Skala Ströme bis 10 Amp., bei der Verwendung eines zweiten Widerstandes Ströme bis 50 Amp. und bei Verwendung einer dritten Skala Ströme bis 500 Amp. gemessen werden. Die Apparatur besteht dann aus einem Meßinstrument und drei Shunts, womit sowohl schwache als auch hohe Stromstärken genau gemessen werden können.

Sicherungen.

Sicherungen sollen, wie das Wort sagt, die Leitungen sichern, d. i. vor Verbrennen schützen. Aus diesem Grunde muß, sobald die Grenze erreicht ist, für die sie bestimmt sind, ein Ansprechen derselben erfolgen. Die Sicherungen erhalten daher in ihrem Innern dünne Fäden aus Silber oder dgl., welche bei der festgesetzten Belastung in einer ganz bestimmten Zeit durchschmelzen müssen. Bei kurzzeitigen Überlastungen der Leitungen, welche dieselben nicht gefährden, sollen sie nicht durchbrennen, vielmehr erst dann, wenn die Erwärmung längere Zeit vorhanden ist, wodurch eine Gefährdung hervorgerufen wird.

Heute werden meist zweiteilige Sicherungen verwendet, bei denen in einem Körper (Fig. 27) der Schmelzfaden sitzt, während ein Stöpselkopf (Fig. 28) zum Festhalten der Patrone dient.

Die Unverwechselbarkeit bei den sog. Diazed-Sicherungen erfolgt dadurch, daß mittels einer Paßschraube (Fig. 29) der Durchmesser für die verschiedenen Größen abgestuft wird. Bei den Diazedsicherungen ist die Länge der Patronen für die verschiedenen Stromstärken dieselbe.

Schwer gefehlt wird oft durch Verwendung unsachgemäß reparierter Sicherungen. Derartige Sicherungen bilden keinen Schutz, sondern eine Gefahr für eine Anlage. Ebenso ist es fehlerhaft, wenn gelegentlich Sicherungen mit allen möglichen Metallteilen kurz geschlossen und dann gebraucht werden.

Fig. 27.

Fig. 28.

Fig. 29.

Das unangebrachte Verfahren, durchgebrannte Sicherungen einfach mit einem neuen Schmelzfaden zu versehen, sollte verschwinden, da hierdurch nur Unheil angerichtet wird.

Die Stärke der Sicherung muß sich nach der Belastung der zu schützenden Leitung richten. Sie darf unter keinen Umständen folgende Werte überschreiten

Querschnitt in qmm	Stärke der Sicherung in Amp.
0,75	6
1	6
1,5	10
2,5	15
4	20
6	25
10	35
16	60
25	80
35	100
50	125

Querschnitt in qmm	Stärke der Sicherung in Amp.
70	160
95	200
120	225
150	260
185	300
240	350
310	430
400	500
500	600
625	700
800	850
1000	1000

Für Stromstärken bis 60 Amp. dürfen nur Sicherungen mit geschlossenem Schmelzeinsatz benutzt werden, sie müssen unverwechselbar sein, so daß nicht versehentlich Sicherungen für zu hohe Stromstärke eingesetzt werden können.

Wenn auch die Zentralisierung der Sicherungen nicht mehr vorgeschrieben ist, so sollte diese doch stets, vor allem in größeren Anlagen, erfolgen. Es muß stets auf eine zweckmäßige Anordnung der Sicherungen Wert gelegt werden. So ist es unzulässig, Sicherungen so hoch anzubringen, daß sie nur mit einer Leiter erreichbar sind. Ferner ist es fehlerhaft, Sicherungen in Ställen, Scheunen oder derartigen Räumen anzubringen. Sie sollen nur in feuersicheren Räumen angebracht werden, in denen durch etwa auftretende Lichtbogen keine Gefahr entstehen kann. Überall dort, wo der Querschnitt nach der Verbrauchsstelle hin sich verringert, müssen Sicherungen angebracht werden, falls nicht die vorhergehende Sicherung den Querschnitt schützt.

Wenn z. B. von einer Leitung von 10 qmm, welche mit 15 Amp. gesichert ist, eine Leitung von 2,5 qmm abgezweigt wird, braucht diese keine Sicherung zu erhalten, da nach der Belastungstabelle dieser Querschnitt mit 15 Amp. gesichert werden kann. Wäre dagegen die Leitung von 10 qmm mit 35 Amp. gesichert, so müßte der Querschnitt von 2,5 mit einer Sicherung von höchstens 15 Amp. gesichert werden.

Von den Steigeleitungen werden die Leitungen zu den Wohnungen abgenommen. Ist diese Leitung bis zur Sicherung ungefähr nur 1 m lang, so ist die Schwächung des Querschnittes zulässig, bei längeren Leitungen muß jedoch der stärkere Querschnitt durchgeführt werden.

Stromkreise in Installationen werden gemeinsam mit einer Sicherung von 6 Amp. gesichert. Bei der Verwendung von hochkerzigen Lampen können die Leitungen eine dem Querschnitt entsprechende Sicherung erhalten, sie soll jedoch nicht stärker als 15 Amp. sein.

In Gleichstromdreileiteranlagen und Drehstromanlagen mit Nulleiter dürfen die Mittel- oder Nulleiter nicht gesichert werden. Werden jedoch von derartigen Systemen Zweileiterabzweige abgenommen, so verliert der Mittel- oder Nullleiter seine bisherige Tätigkeit und wird Rückleiter. Er sollte daher zweckmäßig gesichert werden.

Bei Einführungen in Gebäude von Freileitungen sollen möglichst hinter der Eintrittsstelle Sicherungen gesetzt werden. Es soll jedoch stets darauf geachtet werden, daß der Raum, in welchen die Sicherung gesetzt wird, nicht feucht und staubig ist. So sollen niemals Sicherungen in Ställen oder Scheunen angebracht werden.

Wenn eine Sicherung in einem Stromkreise wiederholt oder sofort nach dem Einsetzen durchbrennt, ist dies ein Zeichen, daß in der dahinterliegenden Leitung eine Störung vorhanden ist. Ein derartiger Stromkreis sollte daher sofort untersucht werden. Niemals aber sollte in derartigen Fällen die Sicherung durch einen Draht oder dgl. kurzgeschlossen werden. Ein Erhitzen der Leitung muß eintreten, falls nicht etwa die vorhergehende Sicherung anspricht. Es sollte mit aller Schärfe gegen derartige Handhabungen vorgegangen werden, damit eine solche Unsitte endlich verschwindet.

Sicherungen sollen nur von bestem Fabrikat benutzt werden. Sie müssen genaue Angaben über Nennstromstärke und Nennspannung enthalten. Sicherungen ohne diese Angaben sollten zurückgewiesen werden.

Die Stöpselköpfe werden für Sicherungen bis 25, 60, 100 und 200 Amp., die Patronen für die Nennstromstärken 2, 4, 6, 10, 15, 20, 25, 35, 50, 60, 80, 100, 125, 160 und 200 Amp. hergestellt. Hierzu gibt es entsprechende Paßschrauben oder Paßhülsen.

Da infolge der Erschütterungen im Betriebe sich die Sicherungen oft lockern und dann einen unsicheren Kontakt geben, wodurch Erwärmungen an den Kontaktstellen auftreten, so ist es ratsam, die Sicherungen von Zeit zu Zeit festzudrehen.

Fassungen.

Zur Befestigung und zur Versorgung der Glühlampen mit Strom dienen Fassungen, von welchen die mit Edisongewinde in Deutschland am gebräuchlichsten sind.

Die Edisonfassung besitzt entsprechend dem Edisonsockel eine mit Gewinde versehene Metallhülse und eine metallene Grundplatte. An die Hülse und die auf einem aus Isoliermaterial bestehenden Sockel sitzende Grundplatte sind Zuführungsdrähte durch Verschraubung angeschlossen. Zum Schutz gegen Berührung ist um die Kontaktteile eine Hülse gelegt, welche aus Metall oder Porzellan besteht (Fig. 30).

Fig. 30.

Auf jeder Fassung muß die Nennspannung angegeben sein. Die Isoliermaterialien müssen gegen Feuer und Feuchtigkeit Schutz bieten.

Oft werden Fassungen mit Hähnen versehen zum Aus- und Einschalten einer Lampe, z. B. in einer Stehlampe. Diese Hahnfassungen müssen so eingerichtet sein, daß der bewegliche Teil des Hahnes die Zuleitungsdrähte nicht berühren kann. Die Griffe der Hahnfassungen müssen aus Isoliermaterial bestehen, um zu verhüten, daß die bedienende Person durch Übertreten von Strom auf den Griff geschädigt werden kann.

Große Sorgfalt muß bei dem Anschließen der Fassung an die Zuleitung beobachtet werden, damit nicht etwa ein Litzendrähtchen die Hülse oder andere Teile berührt, wodurch eine Gefährdung der bedienenden Person oder ein Kurzschluß in der Fassung hervorgerufen werden kann.

In Betrieben, welche eine Gefährdung der Lampe bedingen können, müssen Drahtkörbe über der Glühlampe angebracht werden. Ferner müssen in Ställen, feuchten und staubigen Betrieben, explosionsgefährlichen Räumen und dgl. dichtschließende gläserne Überglocken (Fig. 31) über der Lampe angebracht werden, um zu verhindern, daß sich brennbarer Staub auf der Lampenwandung ansammeln kann. Bei Fassungen, welche im Freien benutzt werden, soll als Material Isolierstoff, z. B. Porzellan, dienen. Die hier zu verwendenden Überglocken erhalten zweckmäßig in der Spitze ein kleines Loch, damit das sich im Innern der Glocke ansammelnde Wasser- ablaufen kann.

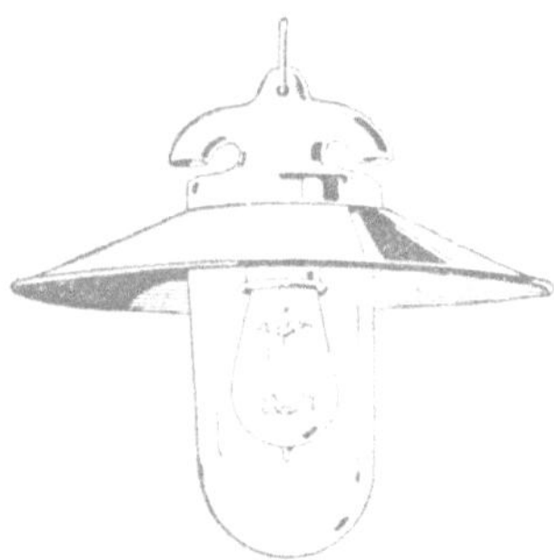

Fig. 31.

Handlampen müssen in allen der Berührung zugänglichen Teilen aus Isoliermaterial bestehen. Holz soll nicht für die Griffe benutzt werden, auch hierzu soll Isoliermaterial verwendet werden. Es werden heute sehr gute, brauchbare Handlampen mit gläserner Überglocke und Drahtkorb hergestellt, welche nur verwendet werden sollten.

In Handlampen dürfen keine Hahnfassungen angebracht sein. Wenn in einer Fassung eine Störung auftritt, wird dieselbe vollkommen auseinandergenommen. Die Litzenenden werden gut verlötet und möglichst an den Spitzen mit einer isolierenden Schicht aus Siegellack oder dgl. umgeben, um jede Möglichkeit einer Berührung dieser Enden mit Teilen der Fassung zu verhüten.

Zwischen Hülse und Fassungsgewinde müssen aus Porzellan bestehende Fassungsringe eingeschraubt werden, welche so hoch sein müssen, daß das unter Spannung stehende Gewinde nicht berührt werden kann Vielfach werden Ringe benutzt, welche das Gewinde der Glühlampen nicht gegen Berührung schützen. Derartige Ringe sind unzulässig, da sie eine Gefahr für die Bedienung bei zufälliger Berührung bedeuten.

Die Nippel, welche zur Befestigung der Glühlampen dienen, werden in den verschiedensten Formen hergestellt. Die Durchführung der stromführenden Drähte in das Innere der Fassung soll so erfolgen, daß ein Durchscheuern der Isolation an den Wandungen nicht erfolgen kann. Zweckmäßig wird die Durchführung mit einer besonderen Isolierung versehen, um eine Verletzung der Drähte zu verhindern.

Werden Pendel hergestellt, so muß darauf geachtet werden, daß die stromführenden Drähte nicht zum Tragen der Fassung benutzt werden. Es muß vielmehr entweder Draht genommen werden, welcher eine besondere Tragschnur enthält, oder es wird von der Befestigungsstelle nach dem Ring des Nippels eine besondere Schnur gelegt, welche nichtleitend sein muß. Sie muß kürzer als die stromführenden Drähte sein, damit diese vom Zug entlastet sind.

Je sorgfältiger und gewissenhafter die Montage von Fassungen vorgenommen wird, um so besser wird die Anlage arbeiten. Die Störungen, welche durch unsachgemäße und unsorgfältige Ausführung von Arbeiten entstehen, sind sehr zahlreich. Geringe Sorgfalt läßt sie aber vermeiden.

Beleuchtungskörper.

Die Ausgestaltung und Ausstattung der Beleuchtung ist die denkbar mannigfaltigste, von der elegantesten Kristallkrone mit zahllosen Lampen bis herunter zum einfachen Blechschirm in der ärmlichsten Wohnung finden sich Vertreter dieser Art. Vom Beleuchtungskörper, welcher Hundert Lampen vereinigt, bis zu der Deckenbeleuchtung mit einer Lampe werden sie in großen Mengen verwandt.

In und an Beleuchtungskörpern darf nur Fassungsader benutzt werden. Wird die Fassungsader außen an dem Körper geführt, so muß darauf geachtet werden, daß sie sich nicht verschieben oder an Ecken verletzen kann. Die Ader muß daher sehr sorgfältig fest an dem Körper mit Band aus isolierendem Material angebunden werden. Werden die Drähte im Innern geführt, so muß das Innere des Rohres von Grat vollkommen frei sein, um ein Zerreiben der Isolation an dem Grate zu vermeiden. Zuglampen müssen so eingerichtet sein, daß der Draht nicht gequetscht werden kann. Der Durchmesser der Rohre muß mindestens 6 mm im Lichten betragen.

Sind mehrere Lampen auf einem Beleuchtungskörper vorhanden, so muß die Verbindung der einzelnen Drähte außen über der Krone erfolgen. Ein Löten von Drähten im Innern ist unzulässig.

In Ställen, Fabriken und Lagerräumen mit Staub und ätzenden Dünsten müssen die Lampen in staubdichtschließende Überglocken (Fig. 31) gesetzt werden, Metallteile sind außen unzulässig.

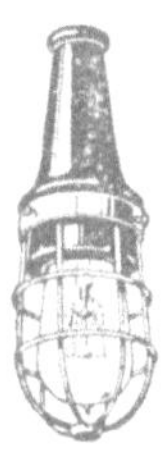

Fig. 32.

Der Anschluß der Beleuchtungskörper an die Installation erfolgt zweckmäßig durch Lüsterklemmen, welche ein-, zwei- und dreipolig vorhanden sind. Die Verbindung in diesen erfolgt durch gute Verschraubung. Pendel, welche fest oder zum Ziehen bestimmt sind, müssen mit besonderen Drähten versehen werden. Vor allem ist darauf zu achten, daß stets eine besondere Tragschnur vorhanden ist, damit die stromführenden Drähte stets vom Zug entlastet sind.

Handlampen (Fig. 32) müssen mit Überglocken versehen sein und ganz aus Isoliermaterial bestehen. Alle spannungführenden Teile müssen gegen Berührung durch geeignete Schutzmittel geschützt sein.

Stehlampen müssen Zuführungsschnüre haben, welche gegen scharfes Reißen an den Drähten geschützt sind.

Es empfiehlt sich, die Einführungsstellen besonders gut zu isolieren, damit an diesen Stellen nicht ein zu schnelles Zerstören der Isolation eintritt.

In Ställen und Werkstätten werden die Beleuchtungskörper von dem Personal oft von den Aufhängehaken herabgenommen. Um dies zu verhindern, empfiehlt es sich, die Haken so zuzubiegen, daß ein Herabnehmen des Körpers nicht mehr möglich ist.

Überall, wo Staubentwicklung oder Auftreten von ätzenden Dünsten zu befürchten ist, muß die Einführung der Leitung in den Beleuchtungskörper staubdicht gesichert werden, indem die Einführungsöffnung mit Chattertoncompound oder dgl. dicht zugeschmiert wird.

In derartigen Räumen müssen die Körper auch so eingerichtet werden, daß sie zum Einsetzen neuer Lampen vollkommen spannungslos gemacht werden können.

Wo die Gefahr besteht, daß Körper mit brennbaren Stoffen in Berührung kommen können, müssen die Lampen durch Überglocken od. dgl. vor einer Berührung geschützt werden, dies ist vornehmlich in Schaufenstern zu beachten.

In Räumen, welche explosionsgefährlich sind, sollen überhaupt nicht unmittelbar Beleuchtungskörper angebracht werden. Es ist hier vorzuziehen, den Körper in einem Nebenraum anzuordnen und ihn gegen den gefährdeten Raum durch eine starke Glasscheibe abzuschließen. Dasselbe soll nach Möglichkeit in chemischen Fabriken gemacht werden, wo die Gefahr besteht, daß die Chemikalien in kurzer Zeit die Leitung und Körper zerfressen.

Nach Möglichkeit soll vermieden werden, Klingelleitungen an Beleuchtungskörpern herunterzuführen. Ist dies nicht zu umgehen, so soll die für die Schwachstromleitung erforderliche Leitung an dem Körper eine Isolation erhalten, welche der für Starkstromleitungen entspricht. Vornehmlich bei Zugkronen besteht die Gefahr, daß durch das allmähliche Zerreiben der Isolation ein Übertritt des Starkstromes in die Schwachstromleitung erfolgt, wodurch Beschädigungen von Personen hervorgerufen werden können.

Verlegung von Isolierrohr.

Isolierrohre (Fig. 33) sind Papierrohre, welche einen Überzug aus Messing oder verbleitem Eisen haben. Das Papier ist gegen Fäulnis imprägniert. Die Herstellung der Isolierrohre erfolgt in Längen von 3 m. Sollen zwei Rohre miteinander verbunden werden, so werden hierzu Muffen benutzt. Die Metallmäntel werden an den Enden in einer Länge von ungefähr 1 cm abgemantelt, auf das eine Rohrende wird die vorsichtig erwärmte Muffe (Fig. 34) aufge-

Fig. 33.

schoben, und dann auf die Muffe das andere Rohr. Die beiden Rohrenden müssen im Innern der Muffe stumpf zusammenstoßen, sie dürfen nicht zu sehr zusammengeschoben werden, da sonst leicht durch die zusammengepreßte Masse ein Durchziehen der Leitung unmöglich wird.

Alle Biegungen sollen mit Biegezangen ausgeführt werden, damit die Bogen ein sauberes Aussehen erhalten und auch nicht so zusammengequetscht werden, daß die Leitung nicht mehr hindurchgezogen werden kann. Alle Biegungen müssen so weit sein, daß die Leitungen ohne allzu große Mühe nach Verlegung des Rohres eingezogen und auch ausgewechselt werden können. Für jeden Rohrdurchmesser ist eine besondere Biegezange zu verwenden.

Fig. 34

Bei Verlegung um rechtwinklige Pfeiler ist die Verwendung von Bogen nicht ratsam, es werden dort besser Winkelstücke genommen, welche auf der Wand aufliegen und nicht soweit abstehen wie Bogen.

Drahtverbindungen dürfen in Dosen nur auf isolierenden Unterlagen ausgeführt werden. Es ist demnach ein Löten in den bekannten T-Stücken nicht zulässig.

Freie Rohrenden sollen mit Porzellantüllen versehen werden, um eine Beschädigung der Leitung durch den Metallmantel zu verhindern.

Ferner ist darauf zu achten, daß in ein und dasselbe Rohr nur Leitungen verlegt werden dürfen, die zu dem gleichen Stromkreise gehören. Nur bei Schalt- und Signalanlagen in elektrischen Betriebsräumen ist es gestattet, Leitungen verschiedener Stromkreise in einem Rohr zu verlegen. Bei Abzweigungen zu Schaltern, Steckkontakten usw. ist stets eine Abzweigdose zu benutzen, die Abzweigung der Leitung hat in dieser auf einer Scheibe aus Isoliermaterial zu erfolgen. Um bei etwa auftretenden Störungen den Fehler schneller einkreisen zu können, empfiehlt es sich, die Verbindungen durch Verschrauben herzustellen, so daß dann die Leitungen mit Leichtigkeit abgeklemmt und nachher wieder zusammengeschraubt werden können. Ein Verlöten der Leitungen, wie es oft geschieht, ermöglicht nicht ein schnelles und bequemes Trennen der Leitung.

Zum Befestigen der Leitungen dienen Schellen, welche für ein, zwei, drei und vier nebeneinander liegende Rohre hergestellt werden.

Die Verlegung wird in der Weise vorgenommen, daß mittels einer Schnur der Leitungsweg abgeschnürt wird. Es werden die Wege stets so gewählt, daß die Leitungsführung möglichst dem Auge entzogen wird. So ist es falsch, wenn das Rohr beim Herabführen zu einem Schalter nicht hart an dem Türrahmen erfolgt. Auch über der Tür darf das Rohr nicht von dem Türrahmen entfernt liegen. Ferner müssen nach oben führende Leitungen stets vollkommen senkrecht verlegt werden, es ist daher nötig, auch diese Wege sorgfältigst abzuschnüren. Die Schellen werden durch Schrauben befestigt, welche in Holz unmittelbar eingeschraubt werden. Bei Befestigung in Stein werden die Schrauben in Stahldübel eingeschraubt, welche in ein vorher in die Wand geschlagenes Loch getrieben werden. Die Stahldübel müssen vorsichtig eingeschlagen werden, damit das Gewinde nicht beschädigt wird. Sind die Wände nicht widerstandsfähig genug, um den Stahldübel fest zu halten, so muß der Dübel eingegipst werden.

Bei der Verlegung ist ferner darauf zu achten, daß sich in den Rohren kein Wasser ansammeln kann.

Bei Verlegung unter Putz muß in die Mauer ein Kanal eingestemmt werden, welcher gleichfalls nach einem Schnurschlag herzustellen ist. Man sieht häufig, daß Kanäle zu den Schaltern und Steckkontakten nicht senkrecht herunter gestemmt werden, sondern schief laufen. Dies ist nicht ratsam, da später durch in die Wand geschlagene Nägel für Bilder u. dgl. oft diese unsauber verlegten Rohre von den Nägeln getroffen werden, wodurch dann Kurzschluß hervorgerufen wird. Wenn dagegen die Leitung über dem Schalter genau senkrecht verläuft, kann beim Einschlagen von Nägeln auf das unter Putz liegende Rohr Rücksicht genommen werden, indem senkrecht über dem Schalter die Fläche in Schalterbreite nicht mit Nägeln versehen wird.

Der Kanal muß so tief gestemmt werden, daß das Rohr mit seiner nach außen liegenden Seite etwas tiefer als die Oberfläche der Mauer liegt. Unter Putz müssen die Bogen schlank genug gewählt werden, damit die Leitung gut eingezogen werden kann.

Das Rohr wird in dem Kanal mit Nägeln befestigt, dann mit Gips verputzt, worauf erst der Wandputz kommen soll.

Der Installateur muß bei Neubauten von dem Architekten genaue Angaben über die Art der Wände erhalten, über die Breite der Türrahmen usw. Geschieht dies nicht, so entstehen später unangenehme Nacharbeiten. So muß auf etwaige Wandverkleidungen Rücksicht genommen werden, es muß die Höhe von Paneelen bekannt sein, die Auslässe für Steckkontakte müssen genau angegeben werden, damit dieselben nicht an einer unmöglichen Stelle im Paneel sitzen. Da die Rohre nach dem Verputzen nicht mehr zugänglich sind, muß während der Verlegung mittels Stahlband dauernd die Zugänglichkeit der Rohre geprüft werden. Sobald ein Strang verlegt ist, muß festgestellt werden, ob sich das Stahlband auch durch das Rohr hindurchschieben läßt.

Findet sich an einer Stelle ein Hindernis, so ist dasselbe vor dem Verputzen zu beseitigen.

Es ist ratsam, bei Verlegung unter Putz in nicht zu großen Abständen Durchgangsdosen einzubauen, durch welche lange Strecken unterteilt werden. Die Prüfung mit dem Stahlband erfolgt dann von Dose zu Dose. Damit diese Dosen nach erfolgtem Putzen nicht über den Putz hinausragen, müssen sie genügend tief in das Mauerwerk eingesetzt werden. Die Deckel der Dosen sollen später tapeziert werden, die Tapete muß nachträglich sorgfältig am Dosenrand abgetrennt werden, damit die Dose nötigenfalls geöffnet werden kann.

Die Drähte sollen in die Rohre erst eingezogen werden, nachdem die Wand fertig geputzt ist. Erstens wird hierdurch erreicht, daß die Putzfeuchtigkeit die Isolation nicht angreift und zweitens werden etwa beim Putzen erfolgte Beschädigungen des Rohrsystems sofort erkannt und können beseitigt werden.

Vor dem Einziehen der Drähte, welche in ein Rohr sämtlich mit einem Male eingezogen werden, empfiehlt es sich, etwas Talkum in die Rohre zu blasen. Das Einziehen wird dadurch wesentlich erleichtert.

Ganz unzulässig ist es, den Draht in das Rohr vor dem Biegen einzuziehen und das Rohr mit dem Draht zu biegen. Derartige Verlegungen gestatten niemals eine einwandfreie Auswechselung der Leitungen.

Schalter und Steckkontakte werden entweder unter Putz oder auf Putz gesetzt.

Schalter unter Putz werden in Dosen montiert, in welche das Rohr unmittelbar eingeführt wird.

Schalter auf Putz werden auf Dübel gesetzt, die nur so tief gesetzt werden dürfen, daß die Unterkante des Schalters mit der Oberkante des Putzes abschneidet. Das Rohr wird dann in den Dübel eingeführt, so daß die Leitung nicht an dem Holz des Dübels anliegen kann.

Eine besondere Art von Isolierrohr ist das Stahlpanzerrohr. Es hat an Stelle des einfachen Metallmantels einen Schutz aus Stahlrohr. Stahlpanzerrohr wird offen verlegt, wo die Leitung gegen mechanische Beschädigungen geschützt werden muß, z. B. in Fabriken, Scheunen u. dgl.

Für die Verlegung sind dieselben Werkzeuge nötig, welche bei Gasrohren benutzt werden. Die Rohrenden sind mit Gewinde versehen, über die Stöße werden, genau wie bei der Verlegung von Gasrohr, Muffen aufgeschraubt.

Die Baulänge der Stahlpanzerrohre ist 3 m, Biegungen werden im Schraubstock vorgenommen oder auf einem hierzu besonders eingerichteten Bock.

In Installationen mit Isolierrohr auf Putz werden bei Durchgängen von einem Stockwerk nach dem andern gern Stahlpanzerrohrstücke genommen, welche 10 cm über den Fußboden hinausgeführt werden, um ein Zertreten der Rohre an der Erde zu verhindern.

Bei Drehstromleitungen müssen sämtliche zu einem Stromkreise gehörigen Leitungen in einem Stahlpanzerrohr verlegt werden, um unzulässige Erwärmungen im Rohr zu vermeiden.

Oft wird Stahlpanzerrohr an Maschinen verlegt, z. B. an Spinnereimaschinen u. dgl. Um das Rohr an diesen befestigen zu können, werden die Maschinen angebohrt, in die Bohrlöcher werden dann Schrauben eingesetzt, welche Schellen zum Halten der Rohre tragen.

Unter Putz wird Stahlpanzerrohr genau wie Gasrohr verlegt, die Werkzeuge sind dieselben.

Verlegung von Rohrdrahtleitungen.

Die Manteldrähte sind Einfach- oder Mehrfach-Gummiaderleitungen, welche von einem gefalzten Blechmantel umgeben sind (Fig. 35—37). Da zwischen Mantel und Drahtumhüllung kein Zwischenraum besteht, kann sich kein Kondenswasser unter dem Mantel ansammeln.

Manteldrähte dürfen nur in trockenen Räumen zur Verlegung auf Putz benutzt werden. Da der Gesamtdurchmesser ein sehr geringer ist, kann mit Manteldrähten eine sehr gefällige Installation erzielt werden. Wenn die Mäntel nach beendeter Installation noch im Ton der Unterlage gestrichen werden, fallen sie fast gar nicht auf.

Die Einfachleitungen werden für Anlagen mit geerdetem Rückleiter, die Doppelleitungen für nicht geerdete Leitungen verwendet.

Die Dosen bestehen ebenso wie die Muffen aus einem oberen und einem unteren Teile, die miteinander verschraubt werden, so daß sie gute Verbindung untereinander haben.

Fig. 35.

Fig. 36.

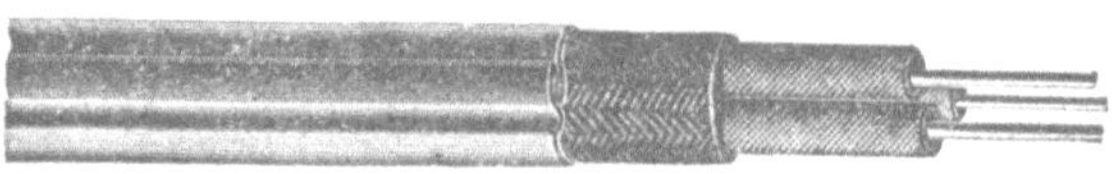

Fig. 37.

Die Leitungen sollen stets so verlegt werden, daß sie möglichst wenig auffallen. Schalterleitungen werden daher unmittelbar an den Türrahmen befestigt, wobei es falsch ist, wenn die Leitung nicht unmittelbar an dem Rahmen anliegt, Stuck u. dgl. wird durchschnitten, um auffallende Krümmungen zu vermeiden.

Um eine saubere Verlegung durchführen zu können, wird der Leitungsweg sorgfältig abgeschnürt. Es werden dann die Stellen angezeichnet, an denen Schalter und Dosen zu setzen sind. Sobald diese Arbeit beendigt ist, wird der Rohrdraht genau abgemessen und auf genaue Länge geschnitten. Neben dem Schnurschlag werden die Schellen zum Befestigen der Rohre angebracht. Sie müssen so nahe an den Schnurschlag angeschraubt werden, daß sie die Leitung bequem umspannen, nicht aber etwa mit Gewalt festhalten.

Nachdem die Schellen so weit befestigt sind, daß der Manteldraht unter ihnen durchgezogen werden kann, wird die Leitung abgemessen. Es soll stets darauf gesehen werden, daß zwischen zwei Dosen der Draht ohne Unterbrechung

Fig. 38.

verlegt wird. Das abgemessene Leitungsstück darf nicht scharf gebogen oder verdreht werden, es wird in einem Geraderichter, welcher meist aus fünf gegeneinander versetzten Rollen, die auf einem Brett befestigt sind, gerade gezogen, wobei darauf zu achten ist, daß der Falz stets seitlich liegt und nicht von den Rollen gedrückt werden kann (Fig. 38).

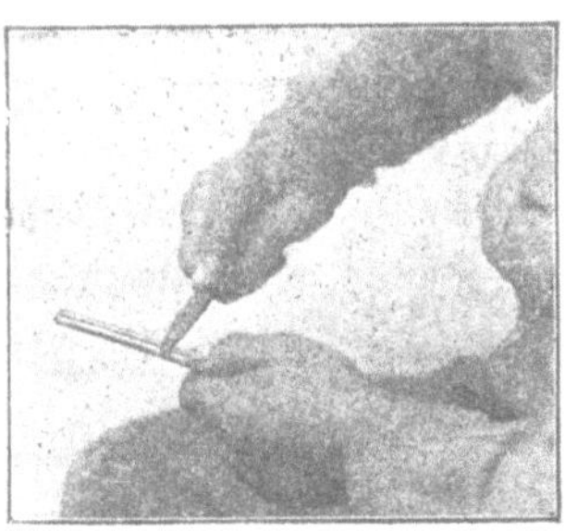

Fig. 39.

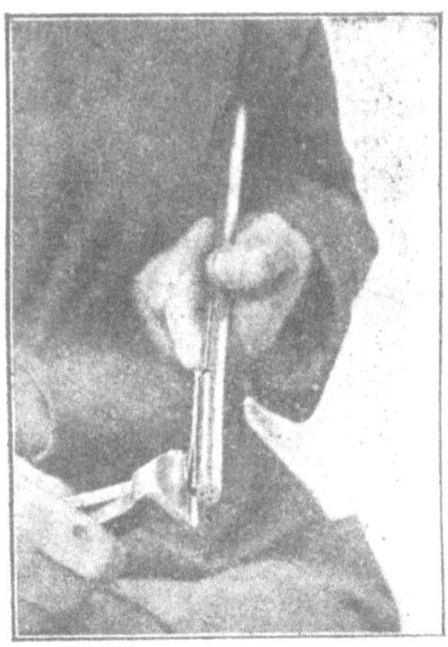

Fig. 40.

Das abgemessene Stück muß an den Enden von dem Mantel befreit sein. Dies geschieht dadurch, daß mit einer Feile der Mantel vorsichtig an der Trennstelle eingefeilt wird (Fig. 39), wobei eine Verletzung der Isolation vermieden werden muß. Das zu entfernende Mantelstück wird mit einer Zange erfaßt und vorsichtig abgezogen (Fig. 40). Um ein Zerdrücken oder Verbiegen zu verhüten, wird die Leitung kurz vor dem Feilstrich mit einer Abmantelungszange umfaßt und so festgehalten (Fig. 41). Zum Schluß wird das abzutrennende Mantelstück abgerissen (Fig. 42).

Fig. 41.

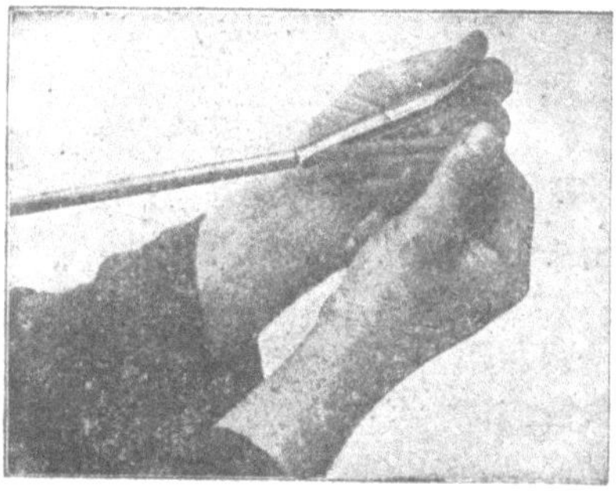

Fig. 42.

Das Biegen des Manteldrahtes muß sehr vorsichtig erfolgen, man bedient sich zweckmäßig hierzu besonderer Biegezangen. Der Falz muß stets an der Seite liegen, damit der Mantel nicht aufgedrückt wird. Je sorgfältiger eine Biegung ausgeführt wird, um so sauberer ist die Arbeit. Bei Decken muß der Draht entsprechend den Wölbungen usw. gebogen werden.

Nachdem der Draht gerichtet und mit Biegungen versehen ist, wird er unter die noch locker sitzenden Schellen gelegt, so daß der Falz an der Wand liegt. Die Schellen werden dann, von oben beginnend, allmählich fest gezogen, wobei stets darauf zu achten ist, daß sich der Draht nicht verzieht.

Die Drähte werden in folgenden Querschnitten und äußeren Durchmessern hergestellt:

Art der Leitung	Querschnitt in qmm	Äußerer Durchmesser in mm	
		nicht unter	nicht über
Einfach-Leitungen	1	5,3	6
	1,5	5,4	6,2
	2,5	6,4	7,2
	4	6,8	7,6
	6	7,2	8,0
	10	8,2	9,2
	16	9,2	10,2
Doppel-Leitungen	2×1	8,3	9,3
	2×1,5	8,7	9,7
	2×2,5	10	11
	2×4	10,5	11,5
	2×6	11,5	12,5
Dreifach-Leitungen	3×1	8,7	9,7
	3×1,5	9,2	10,2
	3×2,5	10,5	11,5
	3×4	11,5	12,5
	3×6	12,5	13,5
Vierfach-Leitungen	4×1	9,5	10,5
	4×1,5	10	11
	4×2,5	11,5	12,5

Manteldraht darf nur auf Putz verlegt werden, da die Leitung nicht auswechselbar ist.

Die Verlegung von Manteldraht unter Benutzung des Mantels als Nulleiter erfordert sorgsamste Verbindung des Mantels mit den Metallteilen der Dosen usw. Das abgemantelte Leitungsstück muß sorgfältig mit Isolierband umwickelt werden, um zu verhindern, daß etwa ein Mantelstück mit dem Leiter in Berührung kommen kann.

Schalter müssen stets an den Draht, nicht an den Mantel angeschlossen werden, sie liegen im Außenleiter. Zum Anschließen von Steckdosen und Beleuchtungskörpern dienen Anschlußschellen und Anschlußhülsen, welche durch festes Verschrauben mit dem Mantel verbunden werden.

Sollen Rohrdrähte über gerohrte Decken oder Blindböden verlegt werden, so soll ein kleiner Kanal geschaffen werden, durch welchen die Leitung hindurchgeschoben wird.

Rollen und Isolatoren.

Zur Befestigung von sichtbar verlegten Leitungen kommen Rollen (Fig. 43) und Isolatoren (Fig. 44) zur Verwendung.

In trockenen Räumen werden Rollen verschiedener Höhe benutzt. So werden Rollen von 19—56 mm Höhe verlegt. Sie haben in der Mitte Bohrungen, welche zur Aufnahme von Schrauben zum Befestigen dienen. Für

Fig. 43.

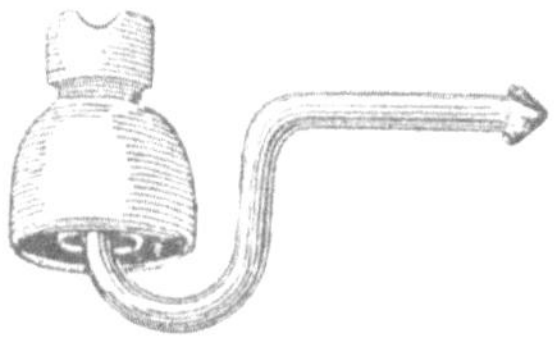

Fig. 44.

Kreuzungen von Leitungen dienen Kreuzungsrollen, auf denen die Leitungen in genügendem Abstand voneinander befestigt werden. Sie müssen mit versenkten Schrauben angemacht werden, um zu verhindern, daß die eine Leitung der Rolle zu nahe kommt.

Für Verlegung von Schnüren werden Klemmrollen benutzt, welche die Schnur zwischen eine Unterlagscheibe und eine Rosette einspannen.

Wenn mehrere Leitungen nebeneinander verlegt werden sollen, z. B. in Fabriken, Zentralen u. dgl., so werden die Rollen auf Registern vereinigt, welche auf Dübeln in der Mauer befestigt werden (Fig. 45). Es wird so eine schnelle und saubere Montage gewährleistet.

In feuchten Räumen werden sogen. Kellerisolatoren (Fig. 46) gebraucht, welche genügend große Oberfläche haben, um Kriechströme zu verhindern.

Bei Spannweiten bis zu 4 m müssen blanke Leitungen· mindestens 10 cm, bis 6 m 15 cm und über 6 m 20 cm voneinander verlegt werden. Der Mindestabstand der blanken Leitungen von der Wand muß 5 cm betragen.

Isolierte, offen verlegte Leitungen müssen bei Niederspannung im Freien mindestens 2 cm, in Gebäuden mindestens 1 cm von der Wand entfernt liegen.

Es dürfen demnach keine Rollen verwendet werden, welche nicht diese Mindestabstände sicher stellen.

Im Freien und in nassen Räumen werden Isolatoren benutzt, wie sie aus der Verlegung von Telegraphenleitungen bekannt sind.

Fig. 45.

Fig. 46.

Sie dürfen nur in senkrechter Stellung angebracht werden. Die oft anzutreffende Anordnung von Isolatoren in wagerechter Stellung ist unzulässig, da sich Staub und Feuchtigkeit auf der Oberfläche ablagert, wodurch eine Verschmierung derselben eintritt, durch welche einmal die Insolation der Leitung zerstört und dann eine leitende Bahn zur Erde geschaffen wird. Fehler entstehen hierdurch, welche auf die Dauer nur durch Umänderung der Anlage behoben werden können.

Werden Isolatoren in Hochspannungsanlagen angebracht, so müssen folgende Mindestabstände gegen Wände, Gebäudeteile und eiserne Träger usw. eingehalten werden.

Betriebsspannung in Volt	Mindestabstand in cm
bis 1 500	5,0
„ 3 000	7,5
„ 6 000	10,0
„ 12 000	12,5
„ 24 000	18,0
„ 35 000	24,0

Bei Führung von Hochspannungsleitungen auf Isolatoren an Gebäuden darf die Entfernung nicht unter 1 cm für 1000 Volt, mindestens aber nicht unter 10 cm betragen.

In staubigen und schmierigen Betrieben müssen die Glocken von Zeit zu Zeit gereinigt werden, um den Erdströmen entgegenzutreten. Sauber gehaltene Isolatoren erhöhen die Betriebssicherheit einer Anlage außerordentlich.

Empfehlenswert ist es auch, die Köpfe der Schrauben bei Rollen zu verkitten, um sie vor Stromübergängen zu schützen, sowie die Stützen der Isolatoren von Zeit zu Zeit mit Rostschutzfarbe zu streichen.

In Mauern sollen Isolatoren mit Zementmörtel befestigt werden. Gips ist hierfür nicht so gut geeignet.

Blanke Kupferleitungen.

Kupfer, welches für elektrische Leitungen verwendet werden soll, muß auf 1000 m Länge und 1 qmm Querschnitt bei 20 Grad C einen Widerstand haben, der nicht höher als 17,84 Ohm ist. Die wirksamen Querschnitte sind durch Widerstandsmessungen zu ermitteln, wobei für Litzen und Mehrfachleitungen die Länge des fertigen Kabels, ohne Zuschlag für Drall, zu nehmen ist.

In der folgenden Tabelle sind für verschiedene Querschnitte die Durchmesser, Gewichte und Widerstände bei einer Temperatur von 15 Grad angegeben, eine Umrechnung kann auf andere Temperaturen erfolgen, wenn man berücksichtigt, daß der Widerstand eines Drahtes von 1000 m und 1 qmm Querschnitt um 0,068 Ohm für 1 Grad Temperaturzunahme wächste.

Durchmesser, Querschnitt, Gewicht und Widerstand blanker Kupferdrähte.

Unter Zugrundelegung der Kupfernormalien erhält man folgende Tabelle:

Querschnitt in qmm	Durchmesser in mm	Anzahl der Drähte	Durchm. jedes einzelnen Drahtes in mm	Gewicht von 1000 m in kg	Meterzahl pro 1 kg	Widerstand von 1000 m in Ohm bei 15° C
1	1,13	1	1,13	8,9	112,359	17,45
1,5	1,38	1	1,38	13,4	74,627	11,63
2,5	1,79	1	1,79	22,3	44,843	6,98
4	2,26	1	2,26	35,6	28,089	4,36
4	2,60	7	0,86	36,0	27,778	4,36
6	2,77	1	2,77	53,4	18,727	2,91
6	3,20	7	1,05	54,0	18,519	2,91
10	3,57	1	3,57	89,0	11,236	1,745
10	4,10	7	1,35	90,0	11,111	1,745
16	4,52	1	4,52	142	7,042	1,090
16	5,10	7	1,70	144	6,946	1,090
25	5,65	1	5,65	223	4,475	0,698
25	6,50	7	2,13	225	4,444	0,698
35	6,68	1	6,68	312	3,205	0,499
35	7,70	19	1,53	318	3,145	0,499
50	7,98	1	7,98	445	2,247	0,349
50	9,20	19	1,83	453	2,207	0,349
50	10,00	133	0,69	465	2,151	0,349
70	10,90	19	2,17	633	1,579	0,250
70	12,00	189	0,69	650	1,539	0,250
95	12,60	19	2,52	860	1,163	0,184
95	14,00	259	0,69	890	1,124	0,184
120	14,50	19	2,84	1085	0,922	0,145
120	16,00	336	0,67	1120	0,893	0,145
150	15,80	19	3,19	1356	0,737	0,116
150	17,50	392	0,69	1400	0,714	0,116
185	17,60	37	2,52	1680	0,595	0,094
185	23,50	588	0,63	1750	0,571	0,094
240	20,40	37	2,87	2180	0,459	0,073
240	25,50	931	0,57	2260	0,442	0,073
310	22,80	37	3,26	2820	0,355	0,056
310	29,50	931	0,65	2930	0,341	0,056
400	26,30	37	3,71	3640	0,275	0,044
400	33,50	931	0,71	3780	0,265	0,044
500	29,40	37	4,14	4570	0,219	0,035
500	38,50	1323	0,69	4750	0,211	0,035
625	32,90	37	4,64	5730	0,175	0,028
625	42,00	1813	0,67	5950	0,168	0,028
800	37,20	37	5,24	7340	0,136	0,022
800	47,00	2989	0,58	7630	0,131	0,022
1000	41,60	37	5,86	9220	0,108	0,017
1000	53,50	2989	0,66	9550	0,105	0,017

Gummiisolierte Leitungen.

Seitens des V. D. E. sind Normen für isolierte Leitungen aufgestellt, welchen alle Leitungen entsprechen sollen, die in Deutschland gebraucht werden.

Das Kupfer muß den Kupfernormen des V. D. E. entsprechen und feuerverzinnt sein.

Die Gummihülle muß mindestens 33,3 % Kautschuk besitzen, welcher nicht mehr als 6 % Harz enthalten darf. Die Zusatzstoffe einschließlich Schwefel betragen 66,7 %. Von organischen Stoffen darf nur ein Zusatz von festem Paraffin von höchstens 5 % genommen werden. Der Adergummi muß ein spezifisches Gewicht von wenigstens 1,5 haben.

Um sofort erkennen zu können, ob der gekaufte Draht den Normen des V. D. E. entspricht, ist vorgeschrieben, daß jeder Draht einen weißen Kennfaden unmittelbar unter der inneren Beflechtung führen muß. Drähte ohne diesen weißen Kennfaden sind sofort zurückzuweisen, da sie keine Gewähr für vorschriftsmäßige Herstellung verbürgen.

Um die Herkunft eines Drahtes kenntlich zu machen, werden von der Prüfstelle des V. D. E. sogenannte Firmenkennfäden herausgegeben, welche von verschiedener Farbe sind, so daß aus der Farbe sofort auf die herstellende Firma geschlossen werden kann. Auch dieser Firmenkennfaden muß unter der inneren Beflechtung liegen, bei Gummischlauchleitungen unter dem gemeinsamen Gummimantel.

Seit dem 1. Juli 1922 dürfen folgende Leitungen nicht mehr verwendet werden:

Gummiisolierte Leitungen	KGC, KGA
Manteldrähte	CMS, AMS
Zimmerschnüre	ASC, ASA
Werkstattschnüre	WKC, WKA
Handlampenleitungen	KHK
Panzeradern	KPC, KPA
Fassungsadern	AFC, AFA
Pendelschnüre	KPL

Für feste Verlegung werden Gummiaderleitungen (NGA) benutzt.

Diese sind für Spannungen bis 750 Volt zulässig. Sie werden mit massiven Leitern von 1—16 qmm und mit mehrdrähtigen Leitern in Querschnitten von 1—1000 qmm hergestellt. Der Kupferdraht muß mit einer vulkanisierten Gummihülle umgeben sein.

Folgende Mindestmaße sind einzuhalten

Querschnitt in qmm	Mindestzahl der mehrdrähtigen Leiter	Stärke der Gummischicht in mm
1	7	0,8
1,5	7	0,8
2,5	7	1
4	7	1
6	7	1
10	7	1,2
16	7	1,2
25	7	1,4
35	19	1,4
50	19	1,6
70	19	1,6
95	19	1,8
120	37	1,8
150	37	2
185	37	2,2
240	61	2,4
300	61	2,6
400	61	2,8
500	91	3,2
625	91	3,2
800	127	3,5
1000	127	3,5

Über der Gummiumhüllung muß eine Bewicklung mit gummiertem Baumwollband liegen, über dieser eine Beflechtung aus Baumwolle, Hanf oder gleichwertigem Stoffe, welche getränkt sein muß.

Spezialgummiaderleitungen (NSGA) werden für Spannungen von 2000, 3000, 6000, 10000, 15000 und 25000 Volt hergestellt und zwar als Massivdrähte von 1—16 qmm und als mehrdrähtige Leiter von 4—300 qmm, sie müssen stets die Angabe der Spannung angegeben erhalten, z. B. $\frac{\text{NSGA 50}}{2500}$ bedeutet eine Spezialgummiaderleitung von 50 qmm für 25000 Volt.

Diese Leitungen müssen eine aus mehreren Lagen Gummi bestehende Umhüllung besitzen, deren Mindeststärken folgende sein müssen:

Querschnitt in qmm	2000 V	3000 V	6000 V	10000 V	15000 V	25000 V
1	1,5	1,7	—	—	—	—
1,5	1,5	1,7	—	—	—	—
2,5	1,5	1,8	3	—	—	—
4	1,5	1,8	3	—	—	—
6	1,5	1,8	3	4,7	—	—
10	1,7	2	3,2	4,5	7	—
16	1,7	2	3,2	4,3	6,5	8,5
25	2	2,2	3,2	4,3	6	8
35	2	2,2	3,2	4,3	6	7,5
50	2,3	2,4	3,4	4,3	6	7,5
70	2,3	2,4	3,4	4,3	6	7,5
95	2,6	2,6	3,4	4,3	6	7,5
120	2,6	2,6	3,4	4,3	6	7,5
150	2,8	2,8	3,6	4,3	6	7,5
185	3	3	3,6	4,3	6	7,5
240	3,2	3,2	3,8	4,3	6	7,5
300	3,4	3,4	3,8	4,3	6	7,5

Die Mindestzahl der Drähte ist dieselbe wie bei den NGA-Leitungen. Ebenso ist die Umhüllung und Umwicklung dieselbe.

Rohrdrähte (NRA) sind Gummiaderleitungen mit gefalztem, eng anliegendem Metall (nicht Blei-)mantel. An Stelle der getränkten Beflechtung haben sie eine mechanisch gleichwertige, isolierende Gummihülle von mindestens 0,4 mm

Wandstärke. Das Weitere ist in dem Kapitel über Rohrdrahtverlegung angegeben.

Panzeradern (NPA) dürfen für Spannungen bis 1000 Volt verlegt werden. Sie sind NSGA-Leitungen für eine Spannung von 2000 Volt, welche mit einer Umhüllung oder Bewicklung von Metalldrähten versehen sind, welche gegen Rost geschützt sind.

In und an Beleuchtungskörpern werden Fassungsadern (NFA) verwendet. Sie dürfen nur an oder in Beleuchtungskörpern benutzt werden, niemals aber als Zuleitung. Der NFA-Draht hat einen massiven oder mehrdrähtigen Leiter von 0,5—0,75 qmm. Bei mehrdrähtigen Leitern darf der einzelne Draht nicht mehr als 0,2 mm Durchmesser haben.

Um den Draht ist eine Gummihülle von vulkanisiertem Gummi von 0,6 mm Dicke. Über dem Gummi liegt eine Beflechtung aus Baumwolle, Hanf, Seide oder dgl. Die Adern können mehrfach verseilt sein.

Werden zwei nebeneinanderliegende nackte Fassungsadern mit einer gemeinsamen Umhüllung versehen, so nennt man diesen Draht Fassungs-Doppelader (NFA2).

Für die Herstellung von Zugpendeln werden Pendelschnüre (NPL) hergestellt, welche einen Querschnitt des Kupfers von 0,75 qmm haben. Die einzelnen Drähte dürfen höchstens einen Durchmesser von 0,2 mm haben.

Über der Kupferseele befindet sich eine Baumwollumspinnung und über dieser eine vulkanisierte Gummihülle von 0,6 mm Stärke.

Um zu verhüten, daß der Kupferleiter zum Tragen benutzt wird, müssen zwei Adern stets mit einer Tragschnur aus geeignetem Stoff verseilt sein. Über der Tragschnur aus Drähten befindet sich eine gemeinsame Beflechtung. Wenn das Tragseil aus Metall besteht, muß es umflochten sein.

Sie müssen so biegsam sein, daß sie um Rollen von 25 mm Durchmesser als Einfachschnüre und um Rollen von 35 mm Durchmesser als Doppelschnüre geführt werden können.

In Wohnräumen und Werkstätten müssen oft bewegliche Lampen und Apparate angeschlossen werden. Hierzu dienen die Gummiaderschnüre (NSA), welche in Wohnräumen benutzt werden. Sie sind in Querschnitten von 0,75—6 qmm zulässig. Da diese Schnüre stets stark beansprucht werden, sollte man dieselben lieber etwas stärker wählen als unbedingt nötig, damit sie gegen mechanische Beschädigungen geschützt sind. Drähte von 0,75 qmm haben Drähtchen von höchstens 0,2 mm, die stärkeren von 0,25 mm Durchmesser. Der Draht ist mit Baumwolle umsponnen. Querschnitte von 4 und 6 qmm haben Drähtchen von höchstens 0,3 mm Durchmesser. Bei letzteren fällt die Baumwollumspinnung fort. Umgeben sind die Kupferdrähte mit einer NGA-Gummihülle. Einleiter- und Mehrfachschnüre erhalten über der Gummihülle eine Beflechtung von Garn, Seide oder dgl. Runde und ovale Schnüre erhalten eine gemeinsame Beflechtung.

In Werkstätten, in denen Handlampen und kleinere Geräte angeschlossen werden, sollen leichte Anschlußleitungen verwendet werden. Sie sind erhältlich als NHH-Leitungen mit Baumwollbeflechtung und als NHK-Leitungen mit Kordelbeflechtung. Sie werden in Querschnitten von 1—6 qmm hergestellt und müssen den Vorschriften über die Gummiaderschnüre entsprechen.

Werkstattschnüre (NWK) dienen zum Anschluß von Apparaten in Werkstätten und Wirtschaftsräumen, wo eine mittlere mechanische Beanspruchung in Frage kommt. Sie entsprechen den Vorschriften über Gummiaderschnüre.

Über der Gummihülle jeder Ader ist eine Umwicklung von gummiertem Baumwollband, zwei oder mehrere Adern müssen rund verseilt und mit einer dichten Beflechtung aus Hanfkordel od. dgl. versehen werden.

Etwaige Erdungsleiter müssen aus verzinnten Kupferdrähten bestehen und innerhalb der inneren Beflechtung angeordnet werden. Für Querschnitte bis 2,5 darf der Durchmesser des einzelnen Drahtes höchstens 0,25 qmm, für 4—6 qmm 0,3 mm und für 10 qmm 0,4 mm betragen.

Die Drähte müssen folgende Abmessungen haben:

Querschnitt in qmm	Mindeststärke der Gummischicht in mm	Querschnitt der Erdungsleitung in qmm
1	0.8	1
1,5	0,8	1
2,5	1	1
4	1	2,5
6	1	2,5
10	1,2	4
16	1,2	4
25	1,4	6
35	1,4	10

Um in Niederspannungsanlagen Apparate bis 1 kW anschließen zu können, z. B. Kocher, Bügeleisen usw. werden Gummischlauchleitungen leichter Ausführung (LHZ) verwandt. Sie werden für 0,75 und 1 qmm hergestellt, und zwar Zweifach-, Dreifach- und Vierfachleitungen.

Der Aufbau entspricht den Vorschriften für Gummiaderschnüren. Zwei oder mehr Adern sind zu verseilen und so mit Gummi zu umpressen, daß kein Hohlraum vorhanden ist. Der Gummimantel muß bei 0,75 mindestens 0,8 mm und bei 1 qmm mindestens 1 mm stark sein. Die Gummimischung soll einen Kautschukgehalt von mindestens 25 % und eine rötlich-braune Farbe haben.

Zum Anschluß von Apparaten bis 2 kW sind Gummischlauchleitungen verstärkter Ausführung (VHZ) zu verwenden in Querschnitten von 1,5 und 2,5 qmm.

Für hohe mechanische Beanspruchungen werden bis 750 Volt-Leitungen für starke Ausführung (SHZ) hergestellt. Die Einzeladern erhalten außer der Isolierung der Gummiaderleitungen über der Gummihülle eine Umwicklung mit gummiertem Baumwollband. Zwei oder mehr Adern sind so zu verseilen, daß kein Zwischenraum entstehen kann. Der gemeinsame Gummimantel muß mindestens 1,2 mm bei Drähten von 1,5 qmm und 1,5 mm bei Querschnitten bis 4 qmm sein. Über den Gummimantel ist ein doppelseitig gummiertes Band gewickelt, in spiralförmigen Lagen, so daß die Ränder sich gegenseitig berühren. Hierüber ist ein weiterer Gummimantel gleicher Stärke und Beschaffenheit gewickelt.

Die äußeren Durchmesser dieser Drähte müssen folgende sein:

qmm	LHZ in mm	qmm	VHZ in mm	SHZ in mm
2 × 0,75	8	2 × 1,5	9,5	13,5
3 × 0,75	8,5	3 × 1,5	10	14
4 × 0,75	9,0	4 × 1,5	11	15
2 × 1	8,5	2 × 2,5	12	16,5
3 × 1	9	3 × 2,5	12,5	17
4 × 1	9,5	4 × 2,5	13,5	18,5
		2 × 4		17
		3 × 4		17,5
		4 × 4		19

Für sogenannte rauhe Betriebe in Gewerbe, Industrie und Landwirtschaft werden Spezialschnüre (NSGK) hergestellt in Querschnitten von 1—16 qmm. Sie entsprechen den Anforderungen der Werkstattschnüre.

Für besondere Fälle haben wir dann noch Hochspannungsschnüre (NHSGK), Leitungstrossen für Kranleitungen (NLT).

Bleikabel.

Bei diesen wird unterschieden in Gummibleikabel und Papierbleikabel.

Gummibleikabel erhalten entweder NGA- oder NSGA-leitungen. Hierbei ist als Mindeststärke der Gummihülle 1,5 mm vorgeschrieben. Mehrleiterkabel sind als verseilte Kabel zu verwenden.

Die Gummibleikabel müssen folgenden Anforderungen entsprechen:

Einleiter-Gleichstrom-Bleikabel bis 750 Volt.

Kupferseele			Mindeststärke der Isolierhülle in	Mindeststärke des Bleimantels in	Bedeckung des Bleimantels		Bewehrung		Bedeckung der Bewehrung		Äußerer Durchmesser des fertigen Kabels etwa mm	
Querschnitt in qmm	Mindestzahl der Drähte für Kabel ohne Prüfdraht	Mindestzahl der Drähte für Kabel mit Prüfdraht	mm	mm	Werkstoff	Stärke etwa mm	Blechstärke etwa mm	Drahtstärke etwa mm	Werkstoff	Stärke etwa mm	ohne Prüfdraht	mit Prüfdraht
1	1	—	1,75	1,1	Gut getränktes Papier oder anderer säurefrei getränkter Faserstoff	1,5	—	Verzinkter Eisendraht von 1,8 mm	Säurefreier gut getränkter Faserstoff (nicht Papierband)	1,5	16	—
1,5	1	—	1,75	1,1		1,5	—			1,5	16	—
2,5	1	—	1,75	1,1		1,5	—			1,5	17	—
4	1	—	1,75	1,2		1,5	—			1,5	18	—
6	1	—	1,75	1,2		1,5	2×0,5			1,5	19	—
10	1	—	1,75	1,2		1,5	2×0,5			1,5	20	—
16	1	3	2,0	1,2		1,5	2×0,5			1,5	22	23
25	7	6	2,0	1,2		1,5	2×0,8			2,0	23	24
35	7	6	2,0	1,3		1,5	2×0,8			2,0	25	26
50	7	6	2,0	1,3		1,5	2×0,8			2,0	27	28
70	19	13	2,0	1,4		1,5	2×0,8			2,0	29	30
95	19	13	2,0	1,4		1,5	2×0,8			2,0	31	32
120	19	13	2,0	1,5		2,0	2×1			2,0	33	34
150	19	18	2,25	1,6		2,0	2×1			2,0	36	37
185	37	26	2,25	1,7		2,0	2×1			2,0	38	39
240	37	29	2,50	1,8		2,0	2×1			2,0	41	42
300	37	36	2,50	1,9		2,5	2×1			2,0	44	45
400	37	36	2,50	2,0		2,5	2×1			2,0	47	48
500	37	36	2,75	2,1		2,5	2×1			2,0	52	53
625	37	36	2,75	2,3		2,5	2×1			2,0	56	57
800	37	36	3,0	2,4		2,5	2×1			2,0	61	62
1000	61	60	3,0	2,6		2,5	2×1			2,0	66	67

Verseilte Mehrleiterkabel mit kreisförmigem Leiterquerschnitt.

Querschnitt in qmm	Mindestzahl der Drähte	Mindeststärke der Isolierhüllen in mm bei						
		750 V	3000 V	5000 V	6000 V	10000 V	15000 V	25000 V
1	1	2,0	3,0	—	—	—	—	—
1,5	1	2,0	3,0	—	—	—	—	—
2,5	1	2,0	3,0	—	—	—	—	—
4	1	2,0	3,0	4,4	—	—	—	—
6	1	2,0	3,0	4,4	—	—	—	—
10	1	2,0	3,0	4,2	4,6	7,0	—	—
16	1	2,0	3,0	4,2	4,6	7,0	—	—
25	7	2,0	3,0	4,2	4,6	6,5	9,0	—
35	7	2,0	3,0	3,8	4,2	6,0	8,5	12,5
50	19	2,0	3,0	3,8	4,2	6,0	8,5	12,5
70	19	2,0	3,0	3,8	4,2	6,0	8,5	12,0
95	19	2,0	3,0	3,8	4,2	6,0	8,5	11,5
120	19	2,0	3,0	3,6	4,0	5,5	8,0	11,5
150	37	2,0	3,0	3,6	4,0	5,5	8,0	11,5
185	37	2,2	3,0	3,6	4,0	5,5	8,0	11,5
240	37	2,2	3,0	3,6	4,0	5,5	8,0	—
300	61	2,5	3,0	3,6	4,0	5,5	8,0	—
400	61	2,5	3,0	3,6	—	—	—	—

Stärke der Bleimäntel und der Bewehrungen der Mehrleiterkabeln.

Durchmesser d. Kabelseele unter dem Bleimantel in mm	Mindeststärke des Bleimantels in mm	Bedeckung des Bleimantels in ungefähr mm	Blechstärke der Bewehrung in ungefähr mm	Bedeckung der Bewehrung in ungefähr mm
bis 10	1,2	1,5	2×0,5	1,5
12	1,3	1,5	2×0,8	2
14	1,4	1,5	2×0,8	2
16	1,4	1,5	2×0,8	2
18	1,5	1,5	2×0,8	2
20	1,6	2,0	2×1,0	2
23	1,7	2,0	2×1,0	2
26	1,8	2,0	2×1,0	2

Durchmesser der Kabelseele unter dem Bleimantel in mm	Mindeststärke des Bleimantels in mm	Bedeckung des Bleimantels in ungefähr mm	Blechstärke der Bewehrung in ungefähr mm	Bedeckung der Bewehrung in ungefähr mm
29	1,9	2,5	2×1,0	2
32	2,0	2,5	2×1,0	2
35	2,1	2,5	2×1,0	2
38	2,2	2,5	2×1,0	2
41	2,3	2,5	2×1,0	2
44	2,4	2,5	2×1,0	2
47	2,6	2,5	2×1,0	2
54	2,7	2,5	2×1,0	2
62	2,9	2,5	2×1,0	2
70	3,1	2,5	2×1,0	2

Das Kupfer der Papierbleikabel muß gleichfalls den Normalien entsprechen.

Bei Einleiter-Gleichstrom-Bleikabeln bis 750 Volt muß die Isolation aus gut imprägniertem Papier bestehen. Für den Aufbau ist die Tabelle für Einleiter-Gleichstrom-Bleikabel maßgebend, und zwar gelten die Spalten 1—4 für blanke Bleikabel, 1—5 für asphaltierte Bleikabel, die Spalten 1—8 für armierte, asphaltierte Bleikabel.

Wenn anstatt Kupfer Aluminium als Leiter genommen wird, gelten die Querschnitte von 4 qmm an aufwärts.

Prüfdrähte müssen mindestens einen Querschnitt von 1 qmm haben.

Die Tabelle über verseilte Mehrleiterkabel gilt für kreisförmige Querschnitte. Ist der Leiter sektorförmig, so müssen die Isolierhüllen mindestens dieselbe Stärke besitzen. Sie bestehen aus gut imprägniertem Papier, die Isolierschichten zwischen den Leitern und zwischen Leitern und Blei sind gleich stark.

Die letzte Tabelle gibt die Maße für die Stärken der Bleimäntel und Bewehrungen der Mehrleiterkabel.

Für Mehrleiterkabel gilt gleichfalls die Vorschrift, daß bei Verwendung von Aluminium nur Querschnitte von 4 qmm an zulässig sind. Die Prüfdrähte müssen einen Mindestquerschnitt von 1 qmm haben.

Freileitungen.

Bei den Freileitungen werden drei Arten unterschieden:

a) Hochspannungsanlagen,

b) Niederspannungsanlagen in Ortschaften,

c) Niederspannungsanlagen im Freien auf Höfen und an Gebäuden.

Hier sollen nur die beiden letzteren behandelt werden. Freileitungen werden zumeist auf Masten verlegt, welche aus Eisen, Beton oder Holz bestehen. Betonmaste sind z. Zt. wegen der hohen Zementpreise meist unerschwinglich, Eisenmaste werden meist als Eck- und Verteilungsmaste verwendet.

Werden Holzmaste benutzt, so sollten diese unter allen Umständen imprägniert sein. Es gibt für die Imprägnierung verschiedene Verfahren, welche alle ein schnelles Verfaulen des Holzes verhindern. Frisch geschlagene Masten werden in kurzer Zeit an der Stelle, an der sie das Erdreich berühren, faul, wodurch die Standfestigkeit der Masten gefährdet wird.

Die Masten werden nach einem vorher anzufertigenden Plane aufgestellt. Die Stellen, an welche die Maste gestellt werden sollen, werden durch in die Erde geschlagene Pflöcke festgelegt, wobei gleichzeitig zu bestimmen ist, ob der Mast noch eine Strebe oder einen Anker erhalten muß.

Die Masten für Niederspannungsfreileitungen müssen mindestens eine Zopfstärke von 13—15 cm haben.

Damit die Masten fest stehen, müssen sie genügend tief eingegraben werden. Es wird gefordert, daß sie mindestens mit einem Sechstel ihrer Länge im Erdboden stehen. Ist der Boden weich, so müssen die Masten gut verrammt werden, damit sie nicht schief gezogen werden können. In feuchtem Boden muß oft erst in die Mastgrube Kies eingebracht werden, um dem Mast einen festen Stand zu sichern, ebenso kann es nötig werden, den Mast mit einem Betonsockel zu umgeben.

Werden mehrere Masten in einer geraden Linie aufgestellt, so ist es nötig, ungefähr alle 500 m einen Mast zu verankern oder zu verstreben, um dem ganzen System einen Halt zu geben.

Am Zopf sollen die Masten dachartig abgeschrägt und mit einer fäulnishindernden Flüssigkeit ordentlich gestrichen werden, um ein Eindringen von Feuchtigkeit zu verhüten.

Das Ausheben der Mastlöcher erfolgt zumeist durch Graben mit Spaten. Es werden jedoch auch Löcher mit Erdbohrern oder durch Sprengen hergestellt. Letztere Art der Ausführung ist in steinigem und schwierigem Boden zu empfehlen.

Beim Ausheben mit Spaten sind die Löcher nach Fig. 47 anzulegen. Die Grube soll unten nicht viel breiter als der Durchmesser des Mastes sein. Niemals soll der Mast etwa in der Mitte der Grube stehen, er soll sich vielmehr stets mit der einen Seite an gewachsenen Boden anlehnen. Die Grube wird nach dem Einsetzen des Mastes wieder zugeworfen und fest zugestampft. Je fester dieses Stampfen erfolgt, um so sicherer steht der Mast.

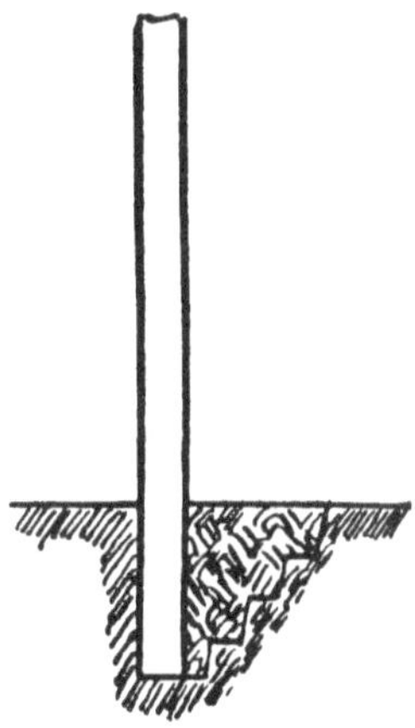

Fig. 47.

Wo Erdbohrer zur Verfügung stehen, ist es zweckmäßig, diese zu benutzen, da durch dieselben der Boden nicht unnötig gelockert wird. Es ist nur darauf zu achten, daß das Loch vollkommen senkrecht und nicht etwa schief in den Erdboden gebohrt wird.

Das Aufrichten der Maste erfolgt, indem gegen die senkrechte Seite der Grube ein Brett gestemmt wird, gegen welches der Mast mit seinem Fußende gelegt wird, so daß die Achse des Mastes parallel zur Längsseite der Grube liegt. Beim Anheben des Mastes sinkt derselbe jetzt an dem Brett hinunter, ohne die Wand der Grube zu beschädigen. Der Mast wird dann allmählich mit einer aus zwei genügend starken Hölzern gebildeten Gabel ganz aufgerichtet.

Die Entfernung der einzelnen Maste richtet sich nach dem Gewicht der aufzulegenden Leitung und nach örtlichen

Gesichtspunkten. Es sind folgende Höchstabstände der Masten zulässig für Freileitungen mit einem Gesamtquerschnitt der Leitungsdrähte und Schutzdrähte:

bis 110 qmm	80 m
über 110—210 qmm	60 m
über 210—300 qmm	50 m
über 300 qmm	40 m

In Ortschaften werden die Abstände der Masten unter Berücksichtigung vorstehender Zahlen so verteilt, daß die Hausanschlüsse bequem und mit möglichst kurzer Leitung an das Netz angeschlossen werden können. Dieser Gesichtspunkt darf nicht außer acht gelassen werden, da es unstatthaft ist, Hausanschlüsse an anderen Stellen der Leitung als unmittelbar am Mast abzunehmen.

In Ortschaften werden oft auch eiserne Ständer oder Fahnenausleger verwendet, welche an den Häusern angebracht werden. Sie müssen so angeordnet werden, daß die Leitungen nicht vom Innern der Gebäude, von Fenstern, Dächern oder dergl. ohne besondere Hilfsmittel berührt werden können. Ferner müssen sie so verlegt werden, daß die Dächer ohne Gefährdung der hinaufsteigenden Personen betreten werden können. Auch muß von vornherein darauf Rücksicht bei dem Bau von Ortsnetzen genommen werden, daß bei Bränden die Feuerwehr ihre Löscharbeiten ohne Gefährdung der Feuerwehrleute vornehmen kann. Ist dies nicht möglich, so empfiehlt es sich, gefährdete Stellen durch auf Isolatoren sitzende Trennschalter abschaltbar zu machen, damit bei einem Brande oder, falls z. B. das betreffende Haus abgeputzt werden soll, die in Frage kommende Leitung abgeschaltet werden kann. Es gibt Trennschalter, welche für diese Zwecke sehr brauchbar sind. Werden in Ortsnetzen Ringleitungen gebaut, so ist es sehr leicht ausführbar, daß beim Abschalten einer derartigen Strecke nur ganz kurze Teile des Netzes stromlos gemacht werden müssen.

Die aus Kupfer, Aluminium oder gelegentlich aus Eisen bestehende Leitung wird auf Isolatoren verlegt (Fig. 44). Diese Isolatoren, welche aus Porzellan bestehen, werden für die meisten Leitungen in zwei Größen verwendet, den Modellen RM I und RM II. Für Leitungen bis 16 qmm können Isolatoren RM II benutzt werden, für größere Querschnitte sowie in Eckpunkten sind Isolatoren RM I zu benutzen.

Die Isolatoren sitzen auf gebogenen Stützen mit Holz- oder Steinschrauben (Fig. 44), je nachdem, ob die Isolatoren an Masten oder Gebäuden angebracht werden sollen. Die Befestigung der Isolatoren auf den Stützen erfolgt am besten durch Aufhanfen. Kitte, welche treiben, sind zu vermeiden, da sie ein Zersprengen der Isolatoren bewirken, sobald der Kitt wächst. Diese Gefahr besteht vornehmlich bei zementhaltigen Stoffen.

Der Hanf wird, mit Firnis angefeuchtet, um die Stützen gewickelt, worauf die Isolatoren aufgedreht werden. Hierbei ist darauf zu achten, daß die Isolatorenachse mit der der Stütze zusammenfällt, da sonst die Isolatoren schief auf den Stützen sitzen.

Um die Isolatoren an den Masten anzubringen, werden in die Masten mittels eines Bohrers, welcher einen etwas kleineren Durchmesser als die Stütze hat, Löcher gebohrt, welche senkrecht zur Mittelachse des Mastes stehen müssen. Um diese Arbeit sauber ausführen zu können, werden die Masten so auf einen kleinen Bock gelegt, daß der Teil, welcher mit Isolatoren versehen werden soll, über den Bock hinausragt. Je nach der Zopfstärke wird der oberste Isolator in einer Entfernung von 10—15 cm von der Unterkante des abgeschrägten Zopfendes angebracht. Je nach der Entfernung der Masten untereinander wird die Entfernung der nun folgenden Löcher festgelegt. Die Löcher werden im allgemeinen in einem Abstande von 20—40 cm angebracht, wobei die Anordnung so getroffen wird, daß die Löcher für den 1. und 3. Isolator auf der einen, die für den 2. und 4. auf der entgegengesetzten Seite des Mastes angesetzt werden.

Je weiter die Masten voneinander entfernt sind, um so größer muß der Abstand der Isolatoren voneinander sein, um ein Zusammenschlagen der Leitungen zu verhüten.

Um ein Faulen der Bohrlöcher zu verhüten, empfiehlt es sich, die Löcher mit Karbolineum oder einer anderen fäulnishindernden Flüssigkeit auszustreichen.

Die Leitung wird auf dem Isolator mit Bindedrähten festgebunden, welche aus demselben Material wie die Leitung bestehen. Ihre Länge soll rd. 50—100 cm betragen, der Querschnitt beträgt mindestens 6 qmm.

Zweckmäßig werden die Leitungen am Hals und nicht auf dem Kopf der Isolatoren abgebunden. Beim Abbinden muß darauf geachtet werden, daß die Leitung recht fest sitzt, um ein Rutschen zu verhindern.

Fig. 48.

Fig. 49.

Fig. 50.

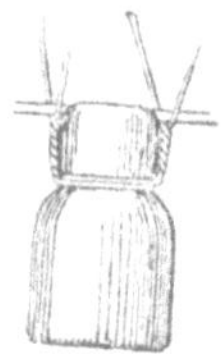
Fig. 51.

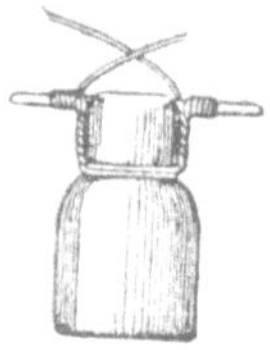
Fig. 52.

Fig. 48 und 49 zeigen das Abbinden der Leitung am Halse des Isolators. Der Bindedraht wird in seiner Mitte auf die Leitung gelegt, auf dem Halse des Isolators werden die Drahtenden herumgeschlungen und wieder zurückgeführt, um um den Leitungsdraht gedreht zu werden, wie es Fig. 49 zeigt.

Muß eine Leitung auf dem Kopf des Isolators verlegt werden, so wird das Abbinden nach Fig. 50—52 ausgeführt. Der eine der beiden 50 cm langen Bindedrähte wird so gezogen, daß er länger hervorragt (Fig. 50). Hierauf werden die Drähte mit einer Flachzange fest zusammengewürgt (Fig. 51), bis die Würgestelle den Leitungsdraht erreicht hat. Sodann wird der kürzere Bindedraht um die Leitung gedreht (Fig. 52), und dann der längere.

In Winkelpunkten muß die Leitung so um den Hals gelegt werden, daß der Isolator von der Leitung umgeben ist, nicht etwa so, daß der Draht außen am Isolator angebunden wird.

Sollen von einer durchgehenden Leitung Hausanschlüsse oder andere Leitungen abgezweigt werden, so erfolgt die Abzweigung stets an einem Mast, nie in einem Felde zwischen zwei Masten. Die Verbindung der Leitungen erfolgt durch Nietverbinder oder Klemmen, welche eine sichere Gewähr für eine innige Verbindung der beiden Leitungen geben. Ebenso werden die Enden einer Leitung stets mit einer neuen Leitung durch Nietverbinder verbunden.

Die zu verlegende Leitung wird ausgelegt, nachdem die Masten fertig aufgestellt sind. Es muß darauf geachtet werden, daß der Draht sich nirgends knickt oder biegt, daß er vielmehr gerade auf die Isolatoren aufgelegt wird. Beim Auslegen auf dem Erdboden muß auch darauf gesehen werden, daß der Draht nicht unnötig schleift, da er hierdurch leidet. Nachdem der Draht auf die Isolatorenstützen aufgelegt ist, wird mit dem Aufbinden der Leitung an den Isolatoren begonnen, wobei an einem Ende der Anfang gemacht wird, indem an dieser Stelle die Leitung mittels eines Schlußbundes um den Isolator befestigt wird. Zur Herstellung des Schlußbundes dient ein Nietverbinder.

Jetzt wird die Leitung mittels eines Flaschenzuges angespannt, wobei darauf zu achten ist, daß die Klemmbacken der Froschklemme nicht den Draht quetschen. Dies kann dadurch verhütet werden, daß zwischen Leitung und Klemmbacken Plättchen von weichem Blei gelegt werden. Der Draht wird so lange angespannt, bis der vorschriftsmäßige Durchhang zwischen den einzelnen Masten erreicht ist. Die Normalien für Freileitungen geben für verschiedene Mastabstände, Temperaturen, Querschnitte und Beanspruchungen Tabellen, nach welchen der Durchhang zu bestimmen ist.

Handelt es sich um Netze, welche mit Drehstrom mit Nulleiter gespeist werden sollen, so wird der Nulleiter zweckmäßig als oberste Leitung verlegt. Erfolgt die Verlegung auf eisernen Ständern, so ist es ratsam, den Bindedraht, welcher den Nulleiter festhält, mit dem eisernen Ständer gut zu verbinden, damit so das Potential des Nulleiters und des Ständers dasselbe ist.

Um festzustellen, daß eine Leitung den richtigen Durchhang hat, versieht man eine lange Stange an einem Ende mit einer Einteilung in Zentimetern, sodann hält man die Stange an die tiefste Stelle der Leitung, die in Form einer Parabel durchhängt, blickt über die beiden Befesti-

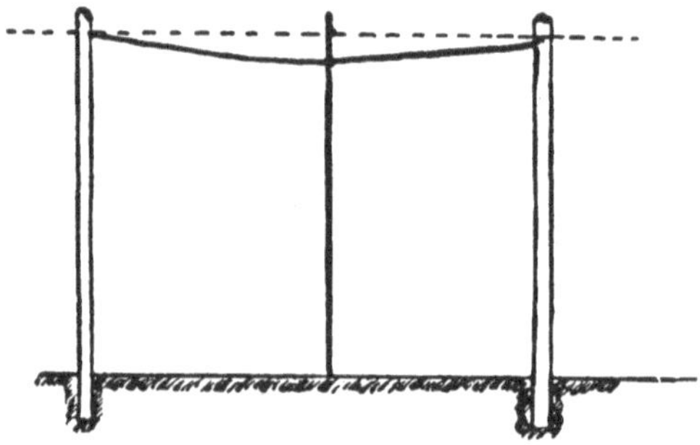

Fig. 53.

gungspunkte (Fig. 53) und liest an der Stange den Durchhang in Zentimetern ab. Ist für das Spannen ein Federdynamometer vorhanden, so wird dieses auf den erforderlichen Zug eingestellt. Die Normalien bieten für jeden Querschnitt Angaben.

In der nachstehenden Tabelle sind für einige Querschnitte Angaben gemacht, welche über Zug, Durchhang, Höchstbeanspruchung und Temperatur Aufschluß geben. Es sei hier ausdrücklich darauf aufmerksam gemacht, daß diese Montagetabellen Grenzwerte darstellen.

In der Tabelle ist unter f der Durchhang in Zentimeter, unter P der Zug in Kilogramm angegeben.

Temperatur in °C	Spannweite 20 m f	20 m P	40 m f	40 m P	60 m f	60 m P	Querschnitt des Drahtes	Höchstbeanspruchung in kg/qmm
+ 10	9	56	69	27	166	23	10 qmm, massiv	12
+ 20	12	40	76	24	172	23	10 „ „	12
+ 30	18	29	81	23	180	22	10 „ „	12
+ 10	9	90	41	72	110	58	16 qmm, massiv	12
+ 20	11	64	49	61	119	54	16 „ „	12
+ 30	16	47	58	53	127	51	16 „ „	12
+ 10	6	90	40	69	116	57	16 qmm, verseilt	12
+ 20	10	81	49	59	122	52	16 „ „	12
+ 30	14	58	57	52	130	49	16 „ „	12
+ 10	4	151	20	142	64	100	16 qmm, verseilt	16
+ 20	6	117	25	115	72	86	16 „ „	16
+ 30	9	85	32	93	82	77	16 „ „	16
+ 10	5	238	18	245	46	213	25 qmm, verseilt	16
+ 20	6	188	22	200	55	180	25 „ „	16
+ 30	8	133	28	158	65	155	25 „ „	16
+ 10	—	—	20	342	45	330	35 qmm, verseilt	16
+ 20	—	—	24	280	53	280	35 „ „	16
+ 30	—	—	29	224	62	238	35 „ „	16
+ 10	—	—	20	490	41	512	50 qmm, verseilt	16
+ 20	—	—	24	400	48	435	50 „ „	16
+ 30	—	—	29	334	57	365	50 „ „	16

Die Kreuzung von Starkstromleitungen mit Telephonleitungen soll tunlichst unter einem rechten Winkel erfolgen. Wenn Starkstrom- und Telephonleitungen parallel verlaufen, soll der Abstand beider Leitungen 10 m betragen. Ist der Abstand geringer, so müssen Vorkehrungen getroffen werden, um beim Reißen einer Leitung eine Berührung der Stark- und Schwachstromleitung zu verhüten. Als ausreichendes Mittel wird isolierte Leitung angesehen.

Wenn die Felder beider Leitungen nicht weiter als 30 m sind, genügt ein Abstand von 7 m

Bei Kreuzungen soll der Abstand zwischen Telephon- und Niederspannungsanlagen nicht geringer als 1 m sein.

Sobald eine Leitung unter einem Winkel verlegt werden muß, ist an dem betreffenden Mast ein Anker (Fig. 54) oder eine Strebe (Fig. 55) anzubringen, um den Leitungszug aufzunehmen. Bei großen Winkeln und bei starken Leitungsquerschnitten werden zweckmäßig Doppelmaste oder A-Maste genommen. Anker werden aus gut verzinkten Eisendrähten von 4—6 mm Durchmesser hergestellt, welche zwei- bis viermal zu einem Seil zusammengedreht werden. Das Anspannen der Drähte erfolgt zweckmäßig durch in den Anker eingebaute Spannschlösser, durch welche der Anker auch im Betriebe nachgespannt werden kann.

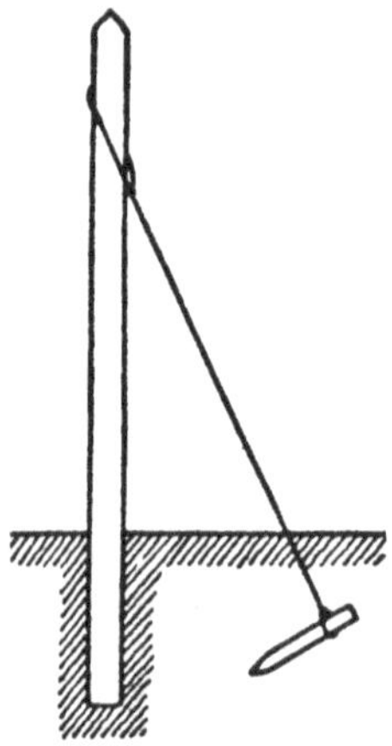

Fig. 54.

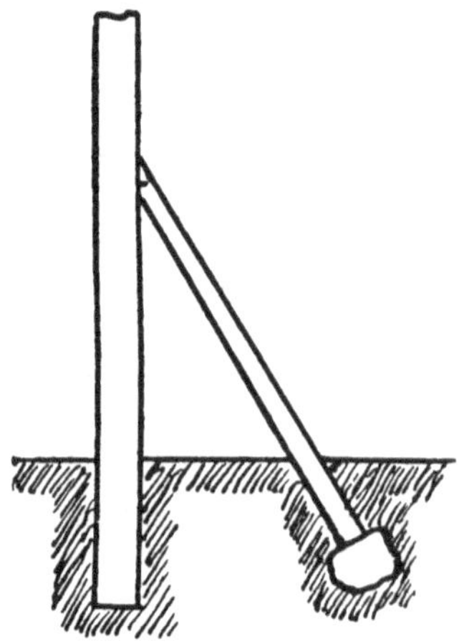

Fig. 55.

Die Streben werden unter einem nicht zu großen Winkel gegen den Mast angesetzt, so daß sie den Leitungsdruck aufnehmen können. Um der Strebe einen Halt zu geben, wird unter das Ende ein Stein gelegt, gegen welchen die Strebe dann drückt. Am Mast wird die Strebe durch Bolzen befestigt.

Die Anker (Fig. 54) werden um den Mast geschlungen und an demselben mittels eines Hakens befestigt. Im Erdboden wird der Anker durch einen genügend starken Pfahl befestigt.

Doppelmaste (Fig. 56) sind zwei durch mehrere Bolzen verbundene Masten. A-Masten (Fig. 57) werden von zwei Masten gebildet, welche am Zopfende mittels Bolzen verbunden werden. In die Verbindungsstelle wird ein Buchenklotz eingefügt, durch welchen eine Verschraubung hindurchgeht. Auch bei diesen Masten soll jedes Loch mit einer fäulnishindernden Flüssigkeit ausgestrichen werden.

Bei hohen A-Masten wird eine Querverbindung angebracht. Ebenso wird in schlechtem Boden am unteren Ende des A-Mastes eine Querverbindung angeordnet, um dem Mast einen festeren Halt zu geben (Fig. 57).

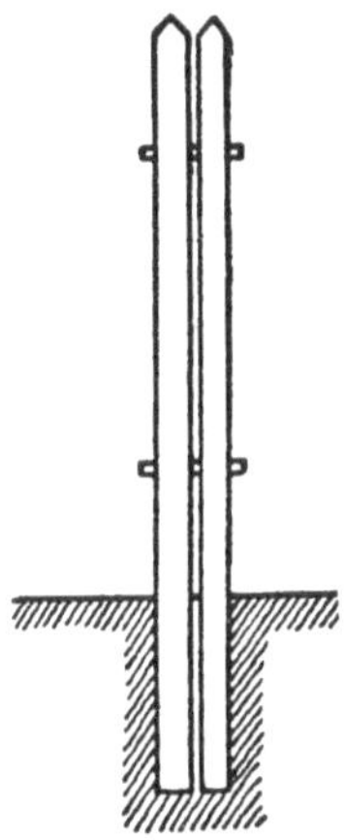

Fig. 56.

Fig. 57.

Sollen Masten ausgewechselt werden, so dürfen die neuen Masten nicht wieder in die alten Löcher gestellt werden. Der Boden, welcher um den alten Masten lag, ist zu entfernen und durch neuen zu ersetzen. Auf diese Weise wird verhindert, daß Fäulniserreger usw. von den alten Masten gleich in den neuen hineingelangen.

Hausanschlüsse.

Jede zu einem Hausanschluß führende Leitung muß an einer Befestigungsstelle der Leitung, also an einem Mast, Rohrständer, dicht an einem Isolator abgenommen werden.

An dem Gebäude sollen die Isolatoren über der Einführung angebracht werden, damit die sich auf dem Draht ansammelnde Feuchtigkeit an der von dem Isolator herabführenden Leitung abtropfen kann (Fig. 58). Außen wird eine aus Porzellan bestehende Einführung eingesetzt, welche für jede Leitung eine besondere Öffnung hat. Es ist unzulässig, mehrere Drähte durch eine Öffnung zu führen, da eine derartige Verlegung infolge der durch die Feuchtigkeit bedingten Zerstörung der Isolation zu Kurzschlüssen führt. Im Innern des Gebäudes wird eine mit der Zahl der Drähte entsprechenden Öffnungen versehene Gegentülle eingesetzt, welche einen sicheren Abschluß gewährleistet. Zwischen der Schildpfeife und der Gegentülle wird entweder das Mauerwerk genügend weit ausgestemmt, oder es wird für jeden Draht ein Isolierrohr zwischengesetzt. Im Innern des Gebäudes soll unmittelbar auf oder kurz unter der Gegentülle der Hausanschlußkasten sitzen, welcher in den verschiedensten Konstruktionen zu den verschiedensten Preisen hergestellt wird. Hauptsache ist, daß der Kasten eine Blechhaube besitzt, welche ein unbefugtes Hantieren an dem Hausanschluß durch Plombieren des Kastens verhindert.

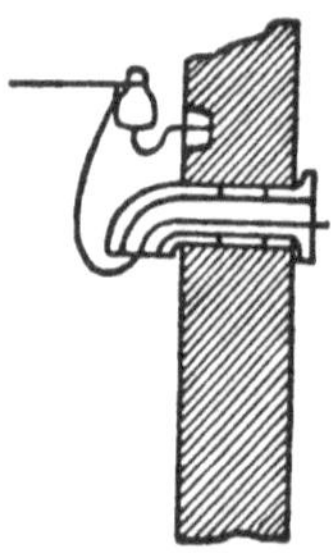

Fig 58.

Um ein Zusammenschlagen der zu dem Gebäude führenden Leitungen zu verhüten, sollen die Isolatoren an dem Gebäude möglichst weit auseinandergesetzt werden. Wird diese Vorsicht nicht geübt, entstehen oft durch Zusammenschlagen der Drähte Störungen in den Leitungen, welche bei richtiger Entfernung der Leitungen voneinander vermieden werden.

Werden Einführungen an Gebäuden nötig, an denen eiserne Rohrständer befestigt sind, so werden Sternkopfeinführungen benutzt, welche auf das Rohr aufgesetzt werden. Hierzu wird in die Rohrwandung eine Porzellantülle eingesetzt, welche eine Berührung der Leitungen mit dem Rohr verhindert. Der Sternkopf dient dazu, die einzelnen

Drähte voneinander getrennt einführen zu können. Ein Regendach schützt schließlich die Konstruktion vor dem Eindringen von Regen.

Am unteren Ende des Rohres muß gleichfalls durch Einbringen von geeigneten Isolierkörpern Vorsorge getroffen werden, daß ein Berühren der Leitungen mit der Rohrwandung vermieden wird.

Bahnkreuzungen.

Für das Deutsche Reich sind Vorschriften für die Kreuzung mit Bahnanlagen aufgestellt, welche allgemeine Gültigkeit haben.

Für die Eisenbahn kommen für Preußen, Hessen und Bayern die Eisenbahndirektionen in Frage, für die E.G D. Dresden die Bauämter, Neubauämter oder Bahnverwaltereien, für E.G.D. Stuttgart die Bauinspektionen oder Betriebsämter, für die E.G.D. Karlsruhe die Bahnbauinspektionen, für E.G.D. Schwerin die Eisenbahn-Generaldirektion und für E.D. Oldenburg die Eisenbahndirektion.

Alle Unterlagen sind in dreifacher Ausfertigung einzureichen, und zwar Angaben über Art, Spannung und Periodenzahl des Stromes, sowie über Zahl, Querschnitt und Baustoff der Leitungen, Erläuterungen über die Anordnung der Leitungsanlagen, ein Übersichtsplan der Hauptlinienführung der Gesamtlage, ein Lageplan in wenigstens 1 : 1000, in welchen die geplanten Starkstromanlagen mit Mastenstandorten in roter Farbe eingetragen sind. Sind Stark- oder Schwachstromleitungen zu beiden Seiten auf eine Entfernung von 50 m vorhanden, so sind diese mit anderen Farben unter Angabe der Gestänge und Höhenlage einzuzeichnen. Hierbei sind die Eigentümer dieser Leitungen, die Anzahl der Leitungen, Stromart und Spannung anzugeben.

Ferner sind auf Verlangen bis zu fünffacher Ausfertigung noch folgende Unterlagen einzureichen: Ein Aufriß in mindestens 1:500 mit eingetragenen Maßen längs der geplanten Leitung, aus dem ihre Lage zu den Eisenbahnanlagen sowie zu gekreuzten Stark- und Schwachstromanlagen ersichtlich ist, ferner der Nachweis der Festigkeit und Standsicherheit der Leitungen unter Angabe der Durchhangsverhältnisse im Kreuzungsfelde und den Nachbarfeldern für die Temperaturen zwischen — 20 und + 40 Grad C von 10 zu 10 Grad, für — 5 Grad C und Zusatzlast nach den Normen der Starkstromleitungen des VDE. Ferner sind Angaben über Vergrößerung des Durchhanges bei Bruch im Nachbarfelde zu machen. Maßzeichnungen der Masten mit Fundamenten unter Angabe der Bodenverhältnisse, der Querträger, Stützen, Isolatoren, Befestigungen für Leitungs- und Tragseile, Schutzvorrichtungen und sonstigen Ausführungsteile sind in ausreichendem Maßstabe einzureichen.

Der Bau darf nur nach vorheriger Genehmigung ausgeführt werden. Arbeiten, welche die Sicherheit des Eisenbahnbetriebes gefährden können, müssen unter Aufsicht eines Beauftragten der Bahn ausgeführt werden.

Die Inbetriebsetzung darf gleichfalls erst nach Genehmigung erfolgen. Es findet eine Abnahme statt, bei welcher der ausgeführte Bau an Hand der Unterlagen eingehend geprüft wird. Die Bahn hat das Recht, alle drei Jahre eine Revision der Kreuzungen vorzunehmen, wozu der Eigentümer der Anlage alles vorbereiten muß. Entstehen durch die Kreuzung Störungen. so hat die Bahn das Recht, die Abschaltung zu verlangen, bis die Störung beseitigt ist.

Der Eigentümer der Kreuzung hat für alle Schäden aufzukommen, welche durch dieselbe entstehen. Ebenso hat er alle Kosten zu tragen, welche durch die Herstellung, Änderung und Unterhaltung entstehen. Es ist auch eine Einheitlichkeit in der Gebührenfrage erzielt worden. Für Kreuzungen mit Spannungen bis 1000 Volt sind Gebühren zu zahlen, und zwar vom 1. Dezember 1922:

I. a) 3000 M. einmalige Gebühr für jede oberirdische Kreuzung,
b) 2000 M. einmalige Gebühr für jede unterirdische Kreuzung,

II. 30 M. dauernde jährliche Gebühr für jedes lfd. Meter Leitungszug in oder auf Bahngelände, mindestens jedoch 300 M.

Mehrere nebeneinanderliegende Kabel werden einfach gerechnet.

Bei Starkstromanlagen mit Spannungen von mehr als 1000 Volt ist außer der Gebühr nach II das Doppelte der Gebühr zu I zu entrichten.

Für den Bau sind eine Reihe von Vorschriften zu beachten. Das Bahngelände darf von der Anlage nur so weit berührt werden, als es unbedingt nötig ist. Auch sollen Bahnhöfe nur in zwingenden Fällen gekreuzt werden, wie auch die Zahl der Kreuzungen auf ein Mindestmaß beschränkt werden soll.

Die Kreuzung soll möglichst unter einem rechten Winkel erfolgen und tunlichst unter Benutzung von Durchlässen und Straßenkreuzungen.

Der lichte, wagerechte Abstand der Bauteile soll von Gleismitte möglichst nicht kleiner als 5 m sein, das Mindestmaß ist 3 m. Der tiefste Punkt der Leitung muß über Schienenoberkante mindestens 6 m betragen bei spannungfreien und 7 m bei spannungführenden Leitungen.

Als Abstände der Bauteile von Bahnfreileitungen gelten in senkrechter Richtung mindestens 1 m, für spannungführende Teile von Hochspannungsanlagen ist diese Entfernung auf 2 m zu erhöhen. Von Bahnbrücken und ähnlichen Bauwerken muß der Abstand mindestens 1,50 in allen Richtungen betragen, von Bahnkabeln mindestens 0,5 m.

Als Leitungsmaterial gilt Kupfer, Bronze, gut verzinkter Stahl, Aluminium und Aluminium mit Stahlseele, welche nur als tragend angenommen werden darf. Bronze darf keine höhere Festigkeit als 70 kg/qmm haben. Für Prelldrähte und Prellseile darf gut verzinktes Eisen verwendet werden. Ist die Gefahr starker Einwirkung von Rauchgasen vorhanden, so darf Eisen für Prelldrähte nicht benutzt werden. Massivdrähte dürfen bei Hochspannungskreuzungen nicht verwendet werden, bei Niederspannungskreuzungen gleichfalls nicht für spannungführende Leitungen.

Als Mindestquerschnitte sind folgende vorgeschrieben:

Material	Spannweiten bis zu					
Kupfer, Bronze	50 m	70 m	100 m	150 m	250 m	über 250 m
Stahl	25 qmm	25 qmm	35 qmm	50 qmm	70 qmm	70 qmm
Aluminium	50 „	70 „	95 „	120 „	150 „	135 „

Für Stahlaluminiumleitungen werden die Querschnitte von Fall zu Fall festgesetzt. Verlötungen und sonstige Verbindungen im Kreuzungsfelde sind nicht zulässig.

Im Kreuzungsfelde sind auf Stützenisolatoren verlegte Leitungen abzuspannen. Hochspannungsleitungen, Niederspannungs- und Schwachstromleitungen am Hochspannungsgestänge sind an den Kreuzungsmasten an je zwei Stützisolatoren zu befestigen. Niederspannungsleitungen an Niederspannungsmasten und Blitzschutzseile brauchen nur einfach befestigt zu werden.

Zum Schutz müssen im Kreuzungsfelde Isolatoren der nächst höheren Type verwendet werden.

Die eisernen Masten sind aus Flußstahl herzustellen. Holzmasten dürfen nur bei Spannweiten bis zu 40 m und nur in Linien verwendet werden, die auch im übrigen mit Holzmasten gebaut werden. Maste und Fundamente sind für den größten Zug zu berechnen. Zur Berechnung des Zuges wird einmal angenommen, daß sämtliche Leitungen unbeschädigt sind, dann daß sämtliche Leitungen eines oder mehrerer vom Kreuzungsmast abgehender Felder gerissen sind. Bei beiden Rechnungen ist ferner anzunehmen, daß der Winddruck gleichzeitig auf den Mast mit Kopfausstattung in ungünstigster Richtung einwirkt. Die Wirkung von Ankern und Streben ist bei dieser Rechnung außer Ansatz zu lassen.

Die Beanspruchung der Masten aus Flußeisen darf auf Zug, Druck und Biegung 1200 kg/qcm, bei Schrauben 600, die Scheerbeanspruchung der Nieten 1000 kg/qcm, der Schrauben 900 kg/qcm, der Leitungsdruck bei Nieten 2400 kg/qcm, bei Schrauben 1800 kg/qcm nicht überschreiten.

Die auf Druck beanspruchten Glieder müssen eine 2,5fache Sicherheit gegen Knicken nach der Tetmajerschen Formel haben, wenn

$$\lambda = \frac{l}{i} = \frac{\text{Knicklänge in cm}}{\text{Trägheitshalbmesser} <} = 105 \text{ ist.}$$

Der Sicherheitsgrad wird durch das Verhältnis

$$\frac{\text{Knickbeanspruchung}}{\text{Druckbeanspruchung}}$$

bestimmt, worin nach Tetmajer die Knickbeanspruchung

$$K_k = 3100 - 11{,}41 \frac{l}{i} \text{ kg/qm ist.}$$

Der Trägheitshalbmesser ist $i = \sqrt{\frac{J}{F}}$.

Bei $\lambda > 105$, müssen die auf Druck beanspruchten Glieder nach der Eulerschen Formel für die zulässige Belastung P in kg nach

$$P = \frac{J \pi^2 E}{n l^2}$$

berechnet werden, worin $n = 3$ zu setzen ist.

F ist die ungeschwächte Querschnittsfläche des Profils in qcm, E das Elastizitätsmodul = 2150000 kg/qcm und J das in Frage kommende Trägheitsmoment.

Holzmasten dürfen auf Zug, Druck und Biegung nicht mit mehr als 110 kg/qcm, Hartholz auf Abscheren nicht mit mehr als 15 kg/qcm, anderes Holz nicht mit mehr als 10 kg/qcm beansprucht werden. Die Knicksicherheit muß bei Annahme des Belastungsfalles 3 nach Euler fünffach sein.

Starkstromleitungen sollen Bahnleitungen oberhalb derselben kreuzen. Wenn der gegenseitige Abstand, senkrecht gemessen, kleiner als 3 m ist, muß ein gut geerdeter Prelldraht zwischen beiden Leitungen gezogen werden.

Muß ausnahmsweise die Hochspannung unterhalb der Bahnleitung geführt werden, so muß zwischen beiden Leitungen ein gut geerdetes Schutznetz angebracht werden, so daß bei Drahtbruch die Bahnleitung gegen Berührung geschützt ist.

Ist die wagerechte Entfernung zwischen beiden Leitungen zu gering, so müssen Maßnahmen getroffen werden, damit beim Bruch eine Berührung beider Leitungen unmöglich ist.

Bei Verlegung von Starkstromleitungen als Kabel unterhalb des Bahnkörpers müssen die Kabel in Röhren, Kanälen aus Mauerwerk, Zement, Steinzeug, Eisen od. dgl. verlegt werden. Die Röhrenoberkante muß mindestens 1 m unter Schienenunterkante liegen.

Liegen die Kabel nicht unter Schienen, so können die Rohre in Fortfall kommen. Die Kabel müssen jedoch mit Eisendraht oder Eisenband umhüllt sein und möglichst tief, wenigstens 1 m, von den Gleisen entfernt eingegraben werden. Kabel müssen von allen Bauteilen mindestens 0,8 m entfernt liegen. Wenn eine Annäherung bis auf 25 cm nötig wird, müssen die Kabel gegen Beschädigungen durch eiserne Rohre od. dgl. geschützt werden. Die Rohre müssen nach beiden Seiten über die gefährdete Stelle 1 m hinausragen.

Bei Kreuzungen von Kabeln untereinander müssen die Kreuzungen mindestens 0,5 m voneinander entfernt sein, ferner muß die Verlegung in Kanälen erfolgen oder es muß eine Umhüllung mit Zement oder feuerbeständigen Stoffen stattfinden.

Fundamente von Eisenmasten.

Bei Freileitungen stellt sich oft die Notwendigkeit heraus, Leitungen unter scharfen Winkeln zu führen oder Bahnkreuzungen herzustellen. Es werden an derartigen Punkten meist eiserne Masten genommen, welche in Betonsockeln stehen. Der Betonsockel erhält die Form einer abgestumpften Pyramide, deren untere Fläche mit G, deren obere Fläche mit g, deren Höhe mit h bezeichnet werde.

Der Inhalt des Pyramidenstumpfes ist dann

$$J = \frac{h}{3} (G + g + \sqrt{Gg}).$$

Unter der Annahme, daß Masten bis 1500 kg Zug 2 m und darüber 2,20 m tief in den Erdboden gesetzt werden, daß bis 1500 kg Zug die obere Fläche g gleich 1 qm ist, sind nachstehend für verschiedene Masten die Betonmengen angegeben, wie sie mehrfach ausgeführt sind. Die angegebene Mastlänge versteht sich für den Mast über Erde, es sind somit für die Gesamtlänge des Mastes noch 2—2,20 m hinzuzufügen. Ein Mast, welcher in der Tabelle mit 9 m angegeben ist, hat eine Gesamtlänge von 11 m.

Länge des Mastes über der Erde in m	Zug in kg								
	700	900	1000	1100	1300	1500	1600	1800	2000
9	3,79	—	3,60	—	—	6,38	6,40	—	—
10	4,34	—	3,90	—	5,87	—	6,70	—	—
11	4,50	—	4,60	5,60	6,37	6,90	7,00	7,70	8,00
12	4,80	—	4,80	6,75	6,73	7,30	7,30	—	8,68
13	4,98	4,30	5,25	7,30	8,22	—	—	8,00	9,15
14	5,30	—	6,45	7,57	—	8,78	—	8,50	9;62
15	5,60	5,75							
16	6,30								
17	8,00								

Es ist z. B. für einen Mast von 11 m über der Erde mit 1000 kg Zug die Grundfläche 2 qm.

Über die Herstellung des Betons ist das Nötige unter „Fundamenten“ zu finden.

Verlegung von Kabeln.

Die Kabel werden in Kabelgräben verlegt, welche mindestens 50 cm tief sein müssen, um eine Beschädigung durch Hacken, Spaten u. dgl. zu vermeiden. Die Bettung soll möglichst aus Sand bestehen, scharfe Steine dürfen nicht an die Kabel herankommen. Oft werden Kabel in gemauerte oder aus Zementrohren hergestellte Kabelgräben verlegt. Zum Schutz gegen mechanische Beschädigungen werden die Kabel mit einer Schicht von Ziegelsteinen abgedeckt.

Werden Kabel im Innern von Gebäuden an Mauern verlegt, so werden sie auf Schellen angeordnet.

Bei Durchführungen durch Mauern sollen die Kabel von dem Mauerwerk getrennt werden, indem Rohre über die Kabel geschoben werden.

Bei kalter Witterung sollen Kabel nicht verlegt werden, da die Isoliermasse hierbei leidet. Ebensowenig sollen Kabel bei Frost im Freien aufbewahrt werden.

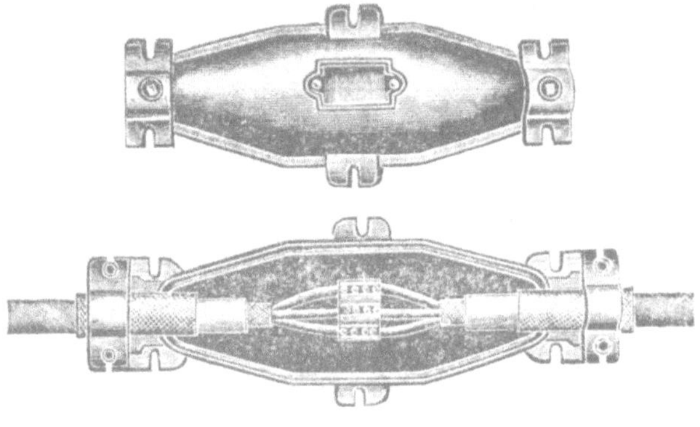

Fig. 59.

Die Verlegung von Kabeln hat in schlanken Bogen zu erfolgen, der kleinste Krümmungsradius soll nicht unter dem 10—15fachen des Kabeldurchmessers liegen.

Die Kabel sind, sobald sie angeschnitten sind, vor eindringender Feuchtigkeit zu schützen. Schnittstellen müssen sofort nach dem Schneiden mit Band umwickelt und möglichst mit Chattertoncompound bestrichen werden.

Verbindungen von Kabeln haben stets durch Kabelmuffen (Fig. 59) zu erfolgen. Die Jute muß hierzu zurückgeschoben werden, so daß sie außen an dem Kabelschuh liegt. Hierauf wird der Eisenmantel abgefeilt und die innere Jutehülle bis zur Höhe des abgetrennten Eisenmantels entfernt.

Diese Arbeiten sind vorsichtig auszuführen, damit der Bleimantel nicht verletzt wird. Dieser wird sodann vorsichtig eingeschnitten und abgenommen, ohne daß der Leiter verletzt wird. Die Enden der abgenommenen Hüllen werden stets fest umwickelt, so daß sie sich nicht weiter auftrennen können. Die Leiter müssen auf ein kurzes Stückchen abisoliert werden, worauf dann die Muffe umgelegt wird. Nachdem die Verbindungen hergestellt sind, wird die Muffe im Innern sorgfältig vergossen, wobei darauf zu achten ist, daß sich in der Masse keine Blasen bilden.

Blitz- und Überspannungsschutz.

Zum Schutz der Anlagen gegen atmosphärische Entladungen und Überspannungen müssen Freileitungen mit geeigneten Schutzvorrichtungen versehen werden. Dieser

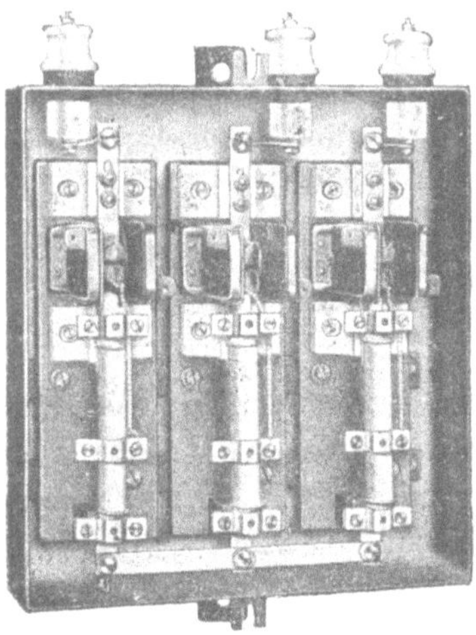

Fig. 60.

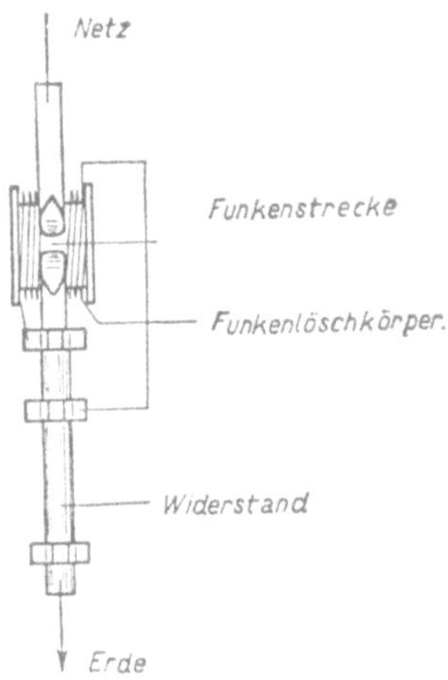

Fig. 61.

Schutz muß nicht nur gegen atmosphärische Einwirkungen, sondern auch gegen bei Schaltvorgängen auftretende Überspannungen wirksam sein. Der Aufbau ist grundsätzlich der, daß die Leitung über eine Funkenstrecke an Erde gelegt wird, so daß Überspannungen über diese Funkenstrecke gefahrlos zur Erde abgeleitet werden können. Um eine gefahrlose Ableitung der Überspannungswellen zu erreichen, müssen die Apparate so gebaut sein, daß sie die Wellen vernichten können.

Für Anlagen bis 500 Volt Wechselstrom und 750 Volt Gleichstrom werden Funkenableiter benutzt, welche in Kästen aus Porzellan, Gußeisen oder Holz sitzen. Diese haben magnetische Gebläse und können sowohl im Freien als auch im Innern von Gebäuden angebracht werden (Fig. 60).

Die Entladung erfolgt über eine Funkenstrecke, wobei ein Teilstrom einen Magneten erregt, welcher den Funken abbläst (Fig. 61).

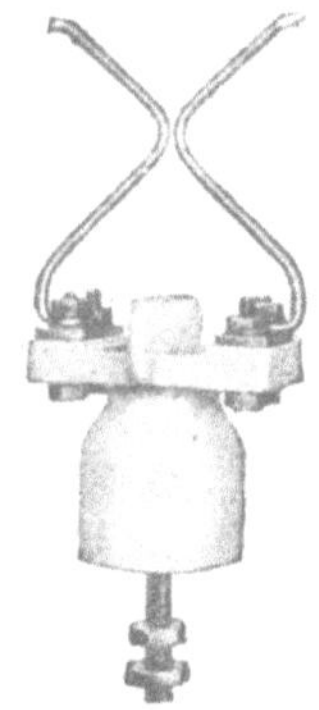

Fig. 62.

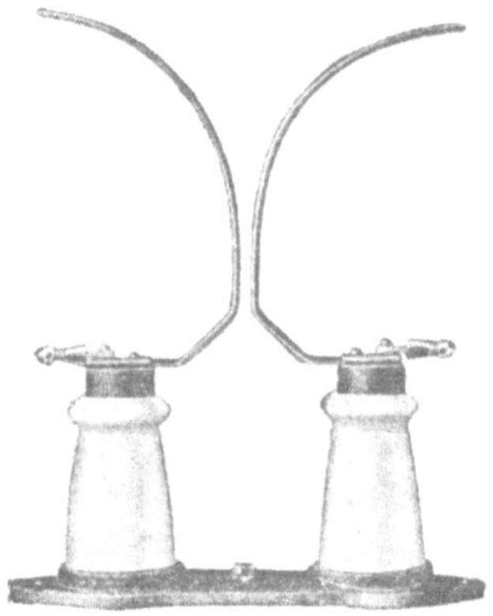

Fig. 63.

Für Freileitungen werden Hörnerblitzableiter benutzt. In die Leitungen zu den Maschinen usw. werden Drosselspulen, Stabwiderstände u. dgl. eingebaut. Fig. 62 zeigt einen Hörnerblitzableiter für Spannungen bis 1000 Volt, Fig. 63 einen solchen für Spannungen von 15—35000 Volt.

In die Ableitung werden Widerstände eingebaut, um bei gemeinsamer Erdleitung zu verhüten, daß beim gleichzeitigen Ansprechen an verschiedenen Polen ein Kurzschluß entstehen kann (Fig. 60 u. 61).

Für die Erdung werden Erdplatten, Gasrohre, Bänder u. dgl. gewählt, welche feuerverzinkt sein müssen. Die an den Masten herabführende Erdleitung ist durch eine aufgesetzte Holzleiste gegen Beschädigung zu schützen. Erdplatten sollen eine Größe von 1 qm bei einer Stärke von mindestens 3 mm haben.

Jede Leitung muß durch einen Blitzschutzapparat gesichert werden. Fig. 60 zeigt einen solche für Drehstrom.

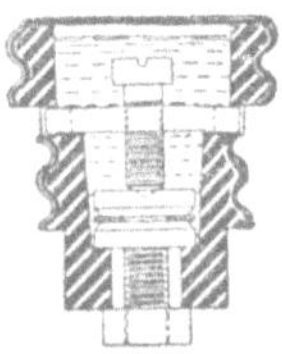

Fig. 64.

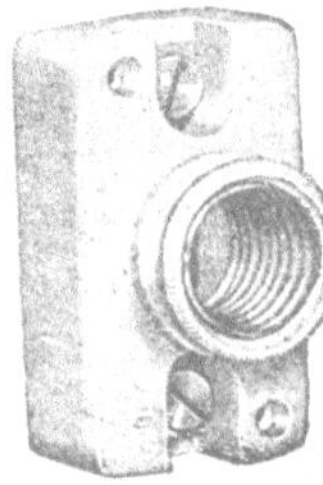

Fig. 65.

Durchschlagssicherungen werden in Niederspannungsanlagen bis 500 Volt eingebaut, wenn die Gefahr besteht, daß Hochspannung in die Niederspannung übertreten kann, z. B. bei Transformatoren; sie bestehen aus Porzellansicherungen mit einer dünnen Isolierschicht zwischen den gegenüberliegenden Kontakten (Fig. 64). Die Sicherung wird in Elemente nach Fig. 65 eingeschraubt, deren eine Schraube an die Leitung, die andere an die Erde angeschlossen wird.

Erdungen.

In Anlagen, welche eine höhere Spannung als 250 Volt gegen Erde führen, sollen Maßnahmen getroffen werden, damit bei auftretenden Schäden der Strom gefahrlos zur Erde abgeleitet werden kann. In Anlagen, welche sich in nassen, säurehaltigen Räumen befinden, ist es ratsam, gleichfalls Erdungen vorzunehmen.

So sind alle Gehäuse von Motoren, ferner die Transformatorengehäuse, Anlasser, Gehäuse von Zählern, Schaltern usw. zu erden, um bei Erdschlüssen sofort ein gefahrloses Abströmen der Elektrizität zur Erde sicherzustellen.

Ebenso ist es aber ratsam, in Gebäuden, welche eiserne Träger, Treppen, Säulen, in Ställen, welche eiserne Krippen haben, alle diese Eisenteile unter sich gutleitend zu verbinden, und diese Verbindung an Erde zu legen. Diese Ausführung ist genau nach den Bestimmungen auszuführen, wie sie für Gebäudeblitzableiter bestehen. Es darf hierbei nicht übersehen werden, Säulen z. B. am obersten und am untersten Ende an Erde zu legen. Wird die Erdung am untersten Ende vergessen, so werden Menschen und Tiere, welche sich zufällig an diese Säule anlehnen, sehr gefährdet. Werden dagegen derartige Räume vollkommen so behandelt, als ob sie an einen Gebäudeblitzableiter angeschlossen werden sollen, so wird eine gute Erdung erzielt.

In Ställen soll ferner die Leitung unter eisernen Trägern verlegt werden, nicht aber über Trägern. Ist eine Verlegung unter dem Träger durchaus nicht möglich, da die Leitung zu tief hängen würde, so soll kurz vor dem Träger und kurz hinter dem Träger ein Isolator eingesetzt werden (Fig. 66). Die Entfernung zwischen beiden soll so kurz gewählt werden, daß bei einem Drahtbruch zwischen den beiden Isolatoren eine Berührung der Leitung mit dem Träger nicht stattfinden kann.

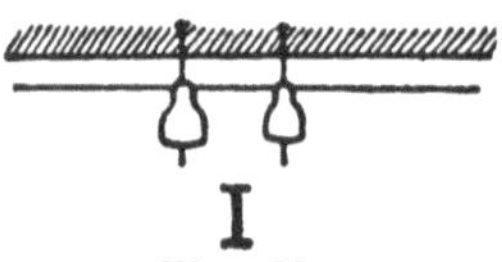

Fig. 66.

Das Überschieben von Gummi- oder Isolierrohr ist in Ställen zwecklos, da es durch die Dünste fault und im Gefahrfalle doch keinen Schutz gegen eine Berührung der Leitung mit dem Träger bietet.

Fahrbare Motoren sollen mit einer Erdungsvorrichtung versehen werden, welche an einen in die Erde einzuschlagenden eisernen Pfahl angeschlossen wird. Ist die Erde sehr trocken, so soll die den Pfahl umgebende Erde naß gehalten werden.

Wenn an einem Motor oder Apparat eine Reparatur vorgenommen wird, wobei die Erdung abgenommen werden muß, so darf der Motor usw. erst dann in Betrieb gesetzt werden, nachdem die Erdung wieder hergestellt ist. Auch ist eine periodische Prüfung der Erdung geboten, vornehmlich in Ställen und Fabriken.

Installation in Ställen[1]).

Eins der schwierigsten Kapitel der Installationstechnik ist die Verlegung der Leitungen in Ställen. Alle Arten der Verlegung, die überhaupt nur denkbar sind, findet man in Ställen, auf Rollen, in Rohr jeglicher Art, auf Glocken, ferner findet man blanke und isolierte Drähte mit den verschiedensten Isolationen.

Wenn man alle diese Verlegungsarten prüft, ergibt sich, daß die meisten unbrauchbar sind.

Es soll deshalb einmal eingehend untersucht werden, welchen Bedingungen bei Installationen in Ställen zu genügen ist, um eine einwandfreie Verlegung zu erhalten.

Nach den Errichtungsvorschriften müssen Ställe unter die §§ 31 (feuchte, durchtränkte und ähnliche Räume), 33 (Betriebsstätten und Lagerräume mit ätzenden Dünsten) und 34 (feuergefährliche Betriebsstätten und Lagerräume) gestellt werden. Es sind demnach alle Vorschriften dieser Paragraphen genau zu beachten, um eine einwandfreie Verlegung zu erzielen. Hieraus ergibt sich sofort, daß jede Verlegung auf gewöhnlichen Rollen oder in Isolierrohr mit einfachem Metallmantel unzulässig ist, denn nach § 31, Ziffer 2, Absatz 2 sollen Schutzrohre hinreichend widerstandsfähig gegen mechanische und chemische Angriffe sein. Einen derartigen Schutz bieten die bekannten Isolierrohre mit Metall- oder Eisenmantel nicht. Es ergibt sich demnach die Unzulässigkeit der Verwendung derartiger Rohre in Ställen, da sie infolge der Dünste und der Verstaubung beim Füttern mit einer Luft angefüllt sind, die auf die Umhüllung der Rohre zerstörende chemische Einwirkungen ausüben muß. Auch § 33a verbietet eine derartige Verlegung, da nach ihm alle Teile der elektrischen Einrichtung gegen chemische Einwirkungen tunlichst geschützt sein müssen.

Ebenso ist es mit der Verlegung gewöhnlicher Rollen. Der in Ställen auftretende schmierige Staub schlägt sich auf den Rollen nieder und bildet so einen Sammler für die

---

[1]) Vgl. E. A. 1921, Nr. 58.

ätzenden Dünste, die durch das Vieh entstehen. In kurzer Zeit überziehen sich dann derartige Rollen mit einer dichten Schmutzschicht, die dem Strom einen Übergang von der Leitung zur Erde gestattet. Zahllose Störungen sind in den Ställen bei einer derartigen Verlegung meist schon nach kurzer Zeit festzustellen.

Es darf daher nur eine Verlegung gewählt werden, die einen ausreichenden Schutz gegen die chemischen Angriffe bietet.

Hier bieten sich nun verschiedene Verlegungsmöglichkeiten, die nachstehend besprochen werden sollen.

In erster Linie ist bei der Wahl der Verlegungsart die Bauart des Stalles zu berücksichtigen. Viele Ställe sind so niedrig, daß man vom Fußboden aus die Decke berühren kann, andere Stallungen sind hoch, so daß die Decke vom Boden nicht erreichbar ist.

In niedrigen Ställen muß eine Verlegungsart gewählt werden, die eine Berührung der Leitung ausschließt, z. B. die Verlegung in Stahlpanzerrohr. Jedoch ist bei dieser Verlegung zu beachten, daß die Wartung nicht von Fachleuten, sondern von Laien ausgeübt wird. Mögen die Rohre auch nach Möglichkeit an den Enden gedichtet werden, mag auch der Anstrich der Rohre zuerst gegen chemische Angriffe Widerstand bieten, stets ist damit zu rechnen, daß nach einiger Zeit der Anstrich schadhaft wird. Sobald aber erst eine Angriffsstelle am Rohr vorhanden ist, geht die Zerstörung des Rohres erfahrungsgemäß sehr schnell vor sich. Ferner bildet sich in den Rohren infolge der Temperaturschwankungen leicht Kondensat, das die Isolation der Leitungen angreift und zerstört. Aus diesem Grunde sollte in den Ställen die Verlegung von Rohr jeglicher Art vermieden werden. Wenn der Stall niedrig ist, die Verlegung der Leitungen aber doch in Rohr vorgenommen werden soll, ist dringend anzuraten, das Rohr über dem Stall zu verlegen und es so den chemischen Einflüssen zu entziehen. Gegen mechanische Beschädigungen wird das auf dem Boden liegende Rohr dann durch einen Kasten geschützt. Im Stall selbst werden nur die Beleuchtungskörper angebracht, die durch einen Durchbruch der Decke mit der Leitung verbunden werden.

Ein weiterer Übelstand ist die Anbringung der Schalter. Oft werden einfache Schalter verwendet, zu welchen ein Rohr herabführt. Dieses Rohr bildet eine dauernde Gefahr und Störungsstelle. Es ist aber vollkommen überflüssig, wenn die bekannten Stallschalter verwendet werden, die unter der Decke angebracht werden, so daß die Zuleitung der Berührung entzogen wird. Noch besser ist es, wenn der Installateur den Schalter, wo irgend möglich, außerhalb des Stalles anbringt, so daß überhaupt keine Leitung im Stalle liegt.

Es sollte also in niedrigen Ställen die Leitung über dem Stalle verlegt werden, der Schalter außerhalb des Stalles, so daß die Leitung jedem mechanischen und chemischen Angriff entzogen ist.

In Ställen, die genügend hoch sind, ist die beste Verlegung die auf Glocken. Die Leitung ist sichtbar, so daß auftretende Fehler sofort gefunden werden. Die Glocken sind groß genug, so daß sich nicht so schnell eine zerstörende und zu Erdschlüssen führende Schmutzschicht ablagern kann. Außerdem hat sich gezeigt, daß es sehr leicht gelingt, die Landwirte anzuhalten, diese Glocken jährlich mehrmals zu reinigen, so daß der Isolationswiderstand der Anlage stets in gutem Zustande erhalten bleibt.

Die zu verwendende Leitung wird im Betriebe häufig mit Mennige oder dgl. gestrichen, so daß auch hier, da die Leitung freiliegt, eine gute und sichere Aufsicht über die Leitung gewährleistet ist. Die Erfahrung hat auch gezeigt, daß der Landwirt sehr wohl in der Lage ist, seine Anlage pfleglich zu behandeln, wodurch die Sicherheit im Betriebe vergrößert und das Zutrauen zu der elektrischen Beleuchtung gehoben wird. Der Installateur muß an seiner Stelle mit daran arbeiten, daß die Verwendung des elektrischen Stromes auf dem Lande gehoben wird. Er tut dies, wenn er Anlagen schafft, die möglichst zweckmäßig und haltbar sind.

Sodann sollte stets darauf gesehen werden, die Schalter außerhalb der Ställe anzubringen. Auch hier herrscht noch keine Klarheit. Zweckmäßig ist es jedenfalls, wenn die Schalter an den Türen angebracht werden. Wenn Vogel („E. T. Z." Heft 2, 1921, Seite 753) vorschlägt, das Schalten der Lampen bei entsprechender Einteilung der Stromkreise von der nächsten Verteilungstafel aus vorzunehmen, so vermag ich mich diesem Vorschlage nicht anzuschließen. Der Schalter muß in unmittelbarster Nähe der Tür angebracht werden, damit jederzeit sofort ohne Zeitversäumnis im Stalle die Lampen eingeschaltet werden können. Bei plötzlich auftretender Unruhe im Stalle, bei Bränden u. a. muß das Personal nicht erst unnötig Zeit damit verbringen, nach der Schalttafel zu laufen. Auf dem Wege zum Stall muß das Einschalten ohne jeden Zeitverlust vorgenommen werden, damit z. B. bei Bränden die Rettung des Viehes schnellstens ausgeführt werden kann.

Ebenso ist es nötig, beim Füttern u. a., wenn das Personal das Futter heranschafft, ohne Zeitverlust die Lampen ein- und ausschalten zu können. Es soll möglichst bei der elektrischen Beleuchtung gespart werden. Dies läßt sich nur dann erreichen, wenn der Schalter bequem und handlich angebracht ist. Darum soll der Schalter unmittelbar neben der Tür angeordnet werden, genau wie auch in Wohnräumen niemand auf den Gedanken kommen wird, die einzelnen Zimmer von der Schalttafel aus zu schalten.

Werden die Schalter außen am Gebäude angebracht, so sollen sie in der Mauer so tief versenkt angebracht werden, daß sie gegen mechanische Zerstörungen geschützt sind. Bei Anordnung der Schalter im Innern des Stalles sollen die Schalter so hoch angeordnet werden, daß die Zuführungsleitung zu demselben nicht durch überschobenes Rohr geschützt zu werden braucht. Um dies zu erreichen, werden entweder Stallschalter benutzt oder die Schalter werden so hoch angebracht, daß eine mittelgroße Person sie gerade bequem erreichen kann. Durch diese höhere Anbringung wird auch dem alten Übel Einhalt getan, daß Jacken und andere Gegenstände an den Schaltergriffen aufgehängt werden können.

In den Stall gehören nur Leitungen, soweit sie unbedingt nötig sind. Wenn dieser Grundsatz mehr und mehr Eingang fände, würden die Installationen in den Ställen bald auf einer höheren Stufe als heute stehen.

In neueren Stallgebäuden findet man Krippen, Wasserleitungen aus Eisen, ferner eiserne Träger und Säulen. In derartigen Gebäuden besteht die Gefahr, daß bei nicht sachgemäßer Verlegung Strom auf diese Eisenteile übergehen und das Vieh beschädigen kann. Mir sind mehrere Fälle vorgekommen, in denen durch Stromübergang auf derartige Eisenteile Pferde und Kühe erschlagen sind. Die Feststellungen ergaben stets, daß bei der Installation auf diese Konstruktion nicht genügend Rücksicht genommen war. Teils waren die Leitungen so gelegt, daß bei einem Drahtbruch die herabfallende Leitung auf einen Träger fiel und so zu einem Stromübergang Veranlassung gab. Dieser Fehler war zu vermeiden, wenn die Leitungen anstatt oberhalb der Träger unter diesen geführt worden wäre. Die zerreißende Leitung wäre dann sofort gefunden und hätte keinen Schaden anrichten können. Teils waren die Leitungen in dem Stalle so verlegt, daß sie beim Reißen unmittelbar auf die Krippe fallen mußten, wodurch dann das Vieh gleichfalls gefährdet war.

In anderen Fällen waren Träger stromleitend geworden. Als das Vieh, das in der Nässe stand, den Träger berührte, schaltete es sich in die Strombahn ein und wurde erschlagen.

Allen diesen Unfällen kann mit geringer Mühe abgeholfen werden, wenn man sich zur Richtschnur nimmt, Leitungen stets unterhalb der Träger und Eisenteile anzuordnen unter möglichster Verkürzung der Isolatorenabstände, so daß etwa herabhängende Drähte die Erde nicht berühren, und daß sie niemals auf eiserne Teile fallen können. Außerdem muß aber auch darauf gesehen werden, daß derartige Eisenkonstruktionen nach Art der Gebäudeblitzableiter unter sich gut metallisch leitend verbunden und gut geerdet werden, so daß auftretende Ströme gefahrlos zur Erde abgeleitet werden.

Die Landfeuersozietät der Provinz Brandenburg hat auf meine Veranlassung seit Jahren vorgeschrieben, daß Leitungen nur noch unter Trägern in der angegebenen Weise verlegt werden dürfen, und daß eiserne Konstruktionsteile unter allen Umständen gutleitend zu verbinden und zu erden sind. Letztere Forderung stößt heute nur auf geringe Schwierigkeiten, da größere Stallgebäude meist mit Blitzableitern versehen werden oder bereits versehen sind, so daß eine Verbindung der Eisenkonstruktion aller Art und die Erdung schon aus diesem Grunde nötig ist. Die Installateure sollten daher mehr als bisher ihr Augenmerk auf diese Punkte richten.

Nach meinen langjährigen Erfahrungen bin ich unbedingt gegen jede Verlegung der Leitungen in Rohr. Hier spricht mit, daß ich solche Anlagen periodisch besichtigt und immer gefunden habe, daß die chemischen Einflüsse derart verheerend wirken, daß diese Verlegung unbedingt vermieden werden sollte. Wo die Ställe zu niedrig sind, muß die Verlegung über der Decke erfolgen, so daß eine Zerstörung durch die chemischen Einwirkungen ausgeschlossen wird. In diesem Falle muß aber ein Schutz gegen mechanische Zerstörungen angebracht werden.

Als die beste Verlegungsart habe ich die Verlegung auf Glocken erkannt. Sie gestattet ein gutes Reinhalten der Leitungen und jederzeit ein schnelles Auffinden von Fehlern. Wenn außerdem noch die Schalter richtig angeordnet werden und nach Möglichkeit jede unnötige Leitung aus dem Stalle ferngehalten wird, erhält man eine Installation, die lange Zeit störungsfrei arbeitet und bei eintretenden Fehlern ein schnelles Auffinden der Fehler sowie eine schnelle und billige Reparatur gestatten.

Wenn noch die Frage behandelt werden soll, ob die Leitung isoliert oder blank verlegt werden soll, so bin ich für blanke Leitung, die zum Schutz gegen Dünste mit Mennige oder dgl. häufiger zu streichen ist. Die Isolation wird, wenn sie nicht eine Spezialimprägnierung hat, sehr bald zerstört. Sie verursacht unnötig hohe Anschaffungskosten, die vermieden werden, wenn blanke Leitung häufiger gestrichen wird.

Ein wunder Punkt in vielen Stallinstallationen ist die Aufstellung der Motoren. Der Landwirt gebraucht seine Motoren teilweise nur periodisch, so zum Dreschen, Häckselschneiden, Wasserpumpen usw. Es sollte daher, zumal in der jetzigen Zeit, stets das Bestreben sein, an der Zahl der Motoren zu sparen, dafür aber den unbedingt nötigen Motor so zu wählen, daß er für die vorkommenden Verrichtungen geeignet ist. Durch geeignete Aufstellung der Maschinen, durch geschickte Anbringung der Transmissionen usw., kann stets eine Antriebsmöglichkeit geschaffen werden, die die Zahl der Motoren verringert, die Benutzungsstunden des vorhandenen aber wesentlich erhöht.

Ferner muß darauf geachtet werden, daß Motoren für 380 V Drehstrom unbedingt geerdet werden. Man findet noch Motoren, die dieser Forderung nicht entsprechen.

Ebenso muß gegen Verstauben genügende Vorkehrung getroffen werden. Es herrscht vielfach die Ansicht, daß der Schutz hiergegen Sache des Besitzers ist. Dem ist nicht so. Ein sachgemäßer Schutz muß von dem Fachmann angegeben werden, wobei darauf zu achten ist, daß durch die Umkleidung des Motors nicht eine unzulässige Erwärmung eintritt. Das einfachste wäre es, wegen der gerade in landwirtschaftlichen Betrieben auftretenden Verstaubung vollkommen gekapselte Motoren zu verwenden. Jedoch scheuen die Landwirte oft die Mehrkosten und nehmen lieber nichtgekapselte Motoren, die dann unter Schutzkästen gesetzt werden. Derartige Kästen müssen entweder aus genügend starkem Eisenblech oder aus dichtgefügten Brettern hergestellt werden, wobei dann noch Holzkästen innen mit Blech und Asbest auszuschlagen sind, um ein Verbrennen durch etwa auftretende Stichflammen nach Möglichkeit zu verhindern. Ebenso müssen die Schalter und Sicherungen entweder mit einer staubdichten Armatur versehen sein oder gleichfalls durch Schutzkästen gegen Verstauben geschützt werden. Gerade hier werden noch manche Verstöße begangen, die dann zu Störungen führen, die bei sachgemäßer Ausführung leicht zu vermeiden sind.

Grundsatz bei der Projektierung von Stallinstallationen muß der sein, eine Anlage zu schaffen, die von dem Besitzer leicht sauber gehalten werden kann und sofort die Möglichkeit bietet, eintretende Fehler aufzufinden. Vor allem muß vermieden werden, Stellen zu schaffen, an welchen sich ätzende Dünste und Staub so ansammeln können, daß sie nicht mit Leichtigkeit beseitigt werden können. All diesen Schwierigkeiten geht man aus dem Wege, wenn in Ställen die Leitungen auf Glocken in der besprochenen Weise verlegt und alle Maßnahmen getroffen werden, um der großen Gefahr der Verstaubung entgegentreten zu können.

Der Krieg hat gerade auf dem Lande eine ungeahnte Entwicklung der elektrischen Anschlüsse bewirkt. Besitzer, die vor dem Kriege dem Anschluß nicht zugänglich waren, sind heute bereit, große Kosten aufzuwenden, um nur Anschluß zu erhalten. Wenn diese Entwicklung einen guten Fortgang nehmen soll, ist es erforderlich, daß gerade der Ausführung der Stallinstallationen mehr als bisher eine größere Aufmerksamkeit gewidmet wird.

Beleuchtung.

Nach den neuesten Vorschriften wird die von einem Körper in Form von Licht abgegebene Arbeit als Lichtabgabe (Q) bezeichnet. Die Einheit ist die Lumenstunde (Lmh).

Die Leistung, welche aus dem Quotienten von Lichtabgabe zur Zeitdauer der Abgabe besteht, wird Lichtstrom genannt. Die Einheit ist das Lumen (Lm).

Die Lichtstärke ist das Verhältnis von Lichtstrom zu dem Raumwinkel. Hierbei ist angenommen, daß der Lichtstrom von einem Punkte ausgeht. Fällt der Lichtstrom auf eine Fläche, so heißt der Quotient aus Lichtstrom und bestrahlter Fläche Beleuchtungsstärke.

Die Einheit der Lichtstärke ist die Hefnerkerze (HK), die Einheit der Beleuchtungsstärke das Lux (Lx).

Als Normalkerze gilt die Hefnerkerze. Diese Einheit ist die Leuchtkraft einer in freier Luft brennenden Amylacetatlampe. Der Docht füllt ein rundes Röhrchen aus Neusilber an. Der innere Durchmesser des Röhrchens beträgt 8 mm, der äußere 8,3 mm, die freistehende Länge 25 mm. Die Flammenhöhe, vom Rande der Röhre bis zur Spitze gemessen, muß 40 mm betragen. Die Messung darf erst dann vorgenommen werden, wenn die Lampe 10 Minuten gebrannt hat.

Das Lux ist die Einheit der Beleuchtungsstärke. Die Beleuchtung von 1 Lux (Meterkerze) wird erzielt, wenn eine Lichtquelle von einer Hefnerkerze (HK), eine ebene, weiße Fläche in einer Entfernung von 1 m senkrecht trifft.

Die Beleuchtung nimmt mit der Entfernung von der Lichtquelle ab und zwar im umgekehrten Verhältnis des Quadrates der Entfernung. Eine Kerze von 1 HK beleuchtet demnach eine Fläche ebenso stark bei 1 m Entfernung wie eine Kerze von 4 HK bei 2 m Entfernung.

In der Hauptsache erfolgt die Beleuchtung heute mit Glühlampen, welche Fäden oder Drähte aus Wolffram, Osram oder dergl. haben, Kohlenfadenlampen werden heute nur noch sehr selten verwendet.

Die Lampen werden für alle gebräuchlichen Spannungen hergestellt in Stärken von 5 HK bis 2000 HK.

Bogenlampen werden nur noch selten benutzt sie werden zumeist durch hochkerzige Metalldrahtlampen ersetzt.

Glühlampen.

Die Kohlenfadenlampe wird fast gar nicht mehr verwendet. Der Stromverbrauch ist gegenüber den Metalldrahtlampen ein derartig hoher, daß bei den jetzt üblichen hohen Strompreisen Kohlenfadenlampen nicht mehr in Frage kommen können.

Die heute gebräuchlichen Glühlampen bestehen aus Fäden, welche aus seltenen Metallen hergestellt werden. Diese Fäden brennen entweder im luftleeren Raume, oder der Glaskörper ist mit bestimmten Gasen gefüllt.

Die Metalldrahtlampen, welche im luftleeren Raume brennen, haben senkrecht herabhängende Drähte, während die Spiraldrahtlampen einen spiralförmig gewickelten Draht besitzen, welcher mehr horizontal liegt.

Um Kronen, welche früher mit Kerzen beleuchtet wurden, weiter verwenden zu können, werden Kerzenlampen benützt, welche in Glashülsen sitzen, die Kerzen ähnlich sind. Für Bühnen werden Soffittenlampen gebraucht, welche in besonders hierfür hergerichtete Kontakte eingesetzt werden.

Für größere Lichtmengen werden hochkerzige Lampen hergestellt, welche verschiedene Namen führen, Nitralampe, Azolampe usw. Sie bestehen aus eng gewickelten Drähten, welche in einem mit Gas gefüllten Raume brennen. Als Gas werden Stickstoff, Argon oder Mischungen hiervon verwendet.

Derartige Lampen werden erheblich wärmer als die gewöhnlichen Drahtlampen. Es muß daher bei ihrer Verwendung darauf Rücksicht genommen werden, daß diese Lampen nicht in die Nähe brennbarer Stoffe gelangen können, da sonst Entzündungen hervorgerufen werden. Ebenso muß darauf geachtet werden, daß der Glaskörper nicht von Regen oder Wasser getroffen werden kann, da sonst der Glaskörper leicht zerspringen kann. Die hochkerzigen Lampen sind ein guter Ersatz für Bogenlampen zur Beleuchtung im Freien, auf Straßen, Plätzen u. dgl. Es kommt bei ihnen hierbei hinzu, daß die Bedienungskosten, welche bei Bogenlampen nicht unerhebliche sind, in Fortfall kommen, da sie keinerlei Wartung bedürfen.

Ob in Wohnräumen und Sälen die Beleuchtung mittels Kronen oder über die Decke verteilten Lampen erfolgen soll, ist Geschmackssache. Die Beleuchtung mit verteilten Lampen hat den Vorteil, daß das Licht gleichmäßiger wirkt. Starke Reflexe werden durch diese Beleuchtung vermieden. Für die Wahl spricht auch die Innenarchitektur und die Einrichtung der Räume mit. Es muß hier dem Installateur die Entscheidung von Fall zu Fall überlassen werden, wobei auch die Wünsche des Besitzers mitentscheidend sind.

Es sollte bei der Beleuchtung von Wohnräumen von vornherein auf eine genügende Zahl von Steckkontakten Wert gelegt werden, damit Stehlampen an möglichst vielen Stellen benutzt werden können.

Nach einer Aufstellung der Osram G. m. b. H. sind folgende Lampen erhältlich:

Drahtlampen (luftleere Lampen).

Spannung in Volt	Lichtstärke in HK	Abmessungen			
		Birnenform		Kugelform	
		Durchm. in mm	Länge in mm	Durchm. in mm	Länge in mm
20—140	5	44	105	60	105
20—139	10	51	120	70	120
	16	51	120	70	120
	25	56	125	80	130
	32	60	135	80	130
	50	60	135	90	145
140—169	10	51	120	70	120
	16	51	120	70	120
	25	56	125	80	130
	32	60	135	80	130
	50	60	135	90	145
170—260	10	56	135	70	130
	16	56	135	70	130
	25	60	145	80	140
	32	60	145	80	140
	50	62	155	90	155
50--260	100	—	—	100	160

Centra-Lampen mit Spiraldraht (luftleere Lampen).

Spannung in Volt	Watt-verbrauch	Abmessungen			
		Birnenform		Kugelform	
		Durchm. in mm	Länge in mm	Durchm. in mm	Länge in mm
100—140	15	44	100	60	100
100—139	25	51	110	60	110
	40	56	115	70	115
	60	60	125	70	115
140—169	25	51	110	60	110
	40	56	115	70	115
	60	60	125	70	115
170—260	25	51	110	60	110
	40	56	120	70	120
	60	60	130	70	120

Die Centra-Lampen haben gegenüber den Drahtlampen ein besonders weißes Licht, sie werden daher dort mit Vorteil Verwendung finden, wo auf weißes Licht Wert gelegt wird. Die Stromersparnis gegenüber den Drahtlampen ist keine erhebliche.

Die Nitra-Lampen werden überall dort mit Erfolg benutzt werden, wo größere Räume, Werkstätten, Höfe u. dgl. beleuchtet werden sollen. Wie die nachstehende Tabelle zeigt, ist eine Stromersparnis bei den Nitra-Lampen mit niedrigerer Kerzenstärke nicht zu erzielen. Ihr Vorzug beginnt erst bei Lampen von 100 Watt, und hier sind es die Lampen für Spannungen bis 160 Volt, welche gegenüber denen von höherer Spannung im Vorteil sind.

Es wird vielfach für derartige Lampen die Bezeichnung „Halbwattlampe“ gebraucht, womit gesagt werden soll, daß der Wattverbrauch für eine Kerze ungefähr 0,5 Watt beträgt.

Nitra-Lampen (gasgefüllte Lampen).

Spannung in Volt	Watt-verbrauch	Lichtstärke mittlere räumliche HK	Lichtstärke größte HK	Abmessungen Durchm. in mm	Abmessungen Länge in mm
100—130	25	18	23	60	120
100—130 131—165 200—240	40	37 33 29	45 40 36	60	120
100—130 131—165 200—240	60	62 57 45	78 72 57	70	135
100—130 131—165 200—260	75	82 77 68	100 96 86	80	155
100—130 131—165 200—260	100	120 110 100	145 135 125	90	175
100—130 131—165 200—260	150	200 190 170	240 225 200	100	185
100—130 131—165 200—260	200	275 265 250	325 310 295	120	210
100—130 131—165 200—260	300	450 430 400	530 510 470	120	265
100—130 131—165 200—260	500	800 775 750	940 900 875	150	300
100—130 131—165 200—260	750	1200 1190 1150	1410 1400 1350	150	300
100—130 131—165 200—260	1000	1650 1620 1550	1940 1900 1820	170	320
100—130 131—165 200—260	1500	2600 2500 2400	3060 2940 2820	200	360
100—130 131—165 200—260	2000	3600 3500 3400	4200 4100 4000	240	400

Es ist in der folgenden Tabelle für die Nitralampen der Wattverbrauch für eine Kerze, sowohl für die mittlere räumliche, als auch für die größte Lichtstärke angegeben, die Tabelle beginnt mit Lampen von 150 Watt Verbrauch.

Spannung in Volt	Wattverbrauch	Lichtstärke mittlere räumliche in HK	Wattverbrauch für 1 HK	Lichtstärke größte in HK	Wattverbrauch für 1 HK
100—130		200	0,75	240	0,63
131—165	150	190	0,79	225	0,67
200—260		170	0,88	200	0,75
100—130		275	0,73	325	0,62
131—165	200	265	0,75	310	0,65
200—260		250	0,80	295	0,68
100—130		450	0,67	530	0,57
131—165	300	430	0,70	510	0,59
200—260		400	0,75	470	0,64
100—130		800	0,63	940	0,53
131—165	500	775	0,64	900	0,56
200—260		750	0,67	875	0,57
100—130		1200	0,63	1410	0,53
131—165	750	1190	0,63	1400	0,54
200—260		1150	0,65	1350	0,56
100—130		1650	0,61	1940	0,52
131—165	1000	1620	0,62	1900	0,53
200—260		1550	0,65	1820	0,55
100—130		2600	0,58	3060	0,49
131—165	1500	2500	0,60	2940	0,51
200—260		2400	0,63	2820	0,53
100—130		3600	0,56	4200	0,48
131—165	2000	3500	0,57	4100	0,49
200—260		3400	0,59	4000	0,50

Betrachtet man diese Zahlen, so ergibt sich, daß das Wort „Halbwattlampen“ mit Unrecht gebraucht wird. Es sollte daher diese Bezeichnung, welche irreführend ist, fallen gelassen werden.

Glimmlampen werden für Spannungen von 125—130 und 220—230 Volt hergestellt, sie haben einen niedrigen Wattverbrauch, welcher bei Lampen bis 130 Volt mit 2,5 und bei Lampen bis 230 Volt mit 4 Watt angegeben wird. Die Lampen können für eine Spannung bis 130 Volt nur mit Wechselstrom, bis 230 Volt mit Gleich- und Wechselstrom gespeist werden.

Das Licht ist ein mildes, rötliches, es überzieht die Flächen der Elektroden gleichmäßig und ist blendungsfrei. Bei Wechselstrom leuchten beide Elektroden, bei Gleichstrom je nach dem Anschluß die Ring- oder Kappenelektroden.

Die Glimmlampen werden für Notbeleuchtung, Signale, Reklame verwandt.

Sehr wirkungsvoll ist oft eine teilweise Mattierung der Lampe, und zwar gibt eine Mattierung von ein Drittel der Lampe die Möglichkeit, neben der vollkommenen Ausnutzung der Lichtstärke eine weiche Beleuchtung zu erzielen. Es empfiehlt sich, die teilweise Mattierung bei hängenden Glühlampen von der Spitze an, bei Kerzenlampen, welche stehend brennen, von dem Gewinde aus gerechnet vorzunehmen.

Bogenlampen.

Die Verwendung von Bogenlampen ist in den letzten Jahren sehr zurückgegangen, woran teils die Herstellung hochkerziger Glühlampen, teils die hohen Preise für die Kohlen und Löhne für die Wartung schuld sind.

Fig. 67 zeigt zwei Lampen in Serie, welche an ein Netz von 110 Volt angeschlossen sind, die Lampen erhalten einen Regulierwiderstand vorgeschaltet. Fig. 68 stellt drei Lampen bei 110 Volt dar, die in Serie brennen. Derartige Lampen brennen mit einer niedrigen Lampenspannung von 34—35 Volt. Die zur Verwendung gelangenden Kohlen müssen von bester Beschaffenheit sein.

Die Netzspannung muß möglichst gleichmäßig sein, da die Bogenlampen bei starken Netzschwankungen unruhig brennen.

In Fig. 69 brennen vier Lampen bei 220 Volt hintereinander, in Fig. 70 deren sechs, in 71 drei Lampen bei 110 Volt Wechselstrom, in 72 eine Lampe bei Wechselstrom unter Benutzung eines Spartransformators, in 73 deren

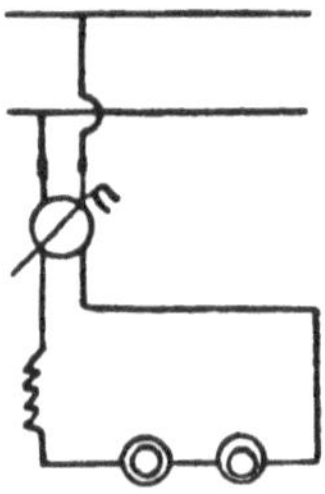

Fig. 67.

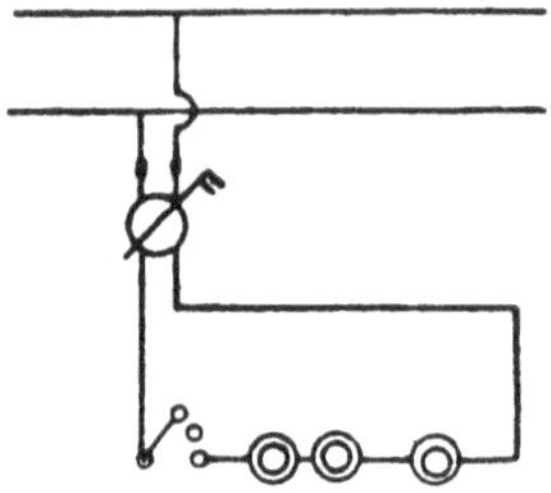

Fig. 68.

zwei mit Transformator, 74 zeigt eine Schaltung, bei der unter Benutzung eines Transformators eine oder zwei Lampen brennen können. In Fig. 75 sind bei 220 Volt sechs Bogen-

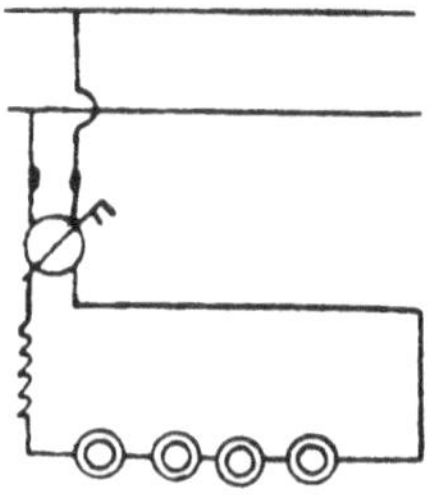

Fig. 69.

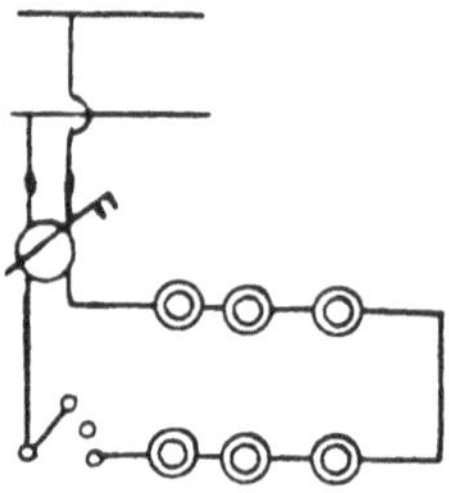

Fig. 70.

lampen hintereinandergestellt. Fig. 76—78 geben die Schaltungen bei 220 Volt Wechselstrom für ein, zwei und fünf Lampen.

Bei Spannungen von 220 Volt werden meist in die Lampen selbsttätig wirkende Ersatzwiderstände eingebaut, welche beim Abbrand der Kohle einer Lampe die Nebenschlußspule vor Überlastung schützen und das Weiterbrennen der anderen Lampen ermöglichen.

Die Spartransformatoren bestehen aus zwei übereinander liegenden Wicklungen, welche auf einem gemeinsamen Eisenkern sitzen. Die beiden Spulen sind in einem Punkte verbunden und gegeneinander geschaltet. Die Beruhigungswiderstände bestehen aus auf einem Porzellankörper aufgewickelten blanken Drähten, ein beweglicher Schieber dient

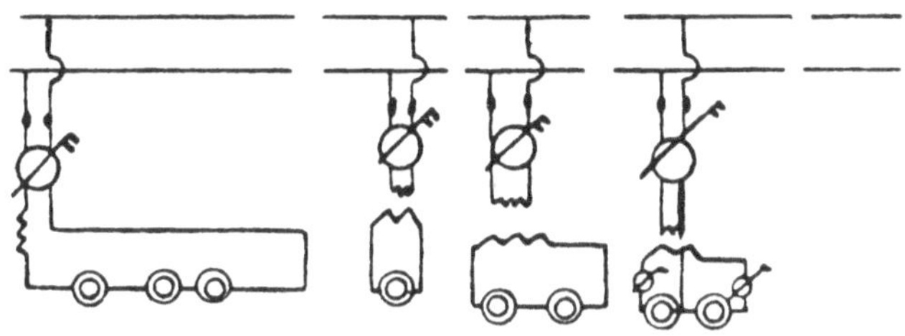

Fig. 71. Fig. 72. Fig. 73. Fig. 74.

zum Regulieren des Widerstandes. Zum Schutz gegen Berührung befindet sich über dem Widerstand eine Schutzkappe aus Blech.

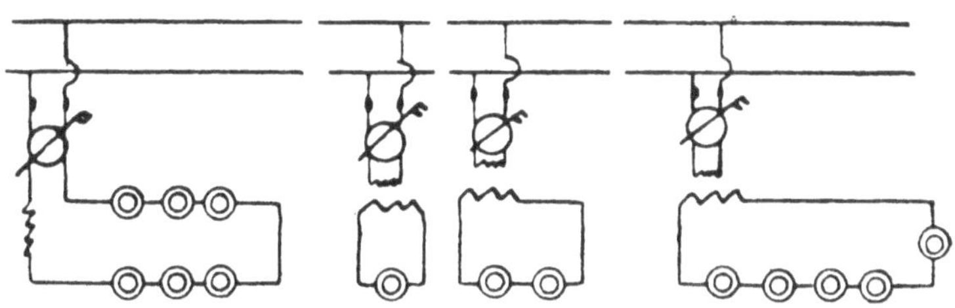

Fig. 75. Fig. 76. Fig. 77. Fig. 78.

Bogenlampenwiderstände dürfen nur auf feuersicheren Unterlagen angebracht werden, ferner in genügender Entfernung von entzündbaren Stoffen.

Die Bogenlampen müssen mit Überglocken versehen sein, welche ein Herabfallen glühender Kohleteilchen verhindern. Die Gehänge und Armaturen müssen gegen die spannungführenden Teile gut isoliert sein, ebenso müssen die Tragseile isoliert sein.

Die Einführungsöffnungen für die Leitungen müssen mit Isolierbüchsen versehen sein, damit die Leitungen sich an dem Körper nicht durchscheuern können. In den Armaturen darf sich kein Wasser ansammeln. Ein weites Verwendungsgebiet haben Bogenlampen heute in den Kinematographentheatern, wo sie für die Beleuchtung der Filme dienen, ebenso werden Bogenlampen zum Kopieren von Zeichnungen, photographischer Platten u. dgl. benutzt. Auch in photographischen Ateliers dienen Bogenlampen zur Beleuchtung bei der Aufnahme.

In großen Sälen, Zeichensälen u. dgl. werden Bogenlampen oft zur Erzeugung indirekter Beleuchtung gebraucht, die Lampe hat unten eine Glasarmatur, welche das Licht gedämpft nach unten durchläßt, nach oben ist die Lampe offen und wirft das Licht gegen die weiß gehaltene Decke. Bei Verwendung von Gleichstrom wird bei indirekter Beleuchtung die untere Kohle an den positiven Pol angeschlossen.

Die Kohlen bestehen aus bester Retortenkohle mit Zusätzen von Ruß, welche mit einem aus Teer und Ruß bestehenden Bindemittel vermischt, unter hohem Druck gepreßt und bei hoher Temperatur gebrannt werden. Die zu verarbeitende Masse wird an Magneten vorbeibewegt, um alle Eisenteile aus dem Brei zu entfernen. Sodann wird die Masse mit Säure behandelt, durch eine Presse gedrückt, wobei Dochtkohlen gleich in der Mitte mit einem Loch versehen werden. Die Stäbe werden dann in bestimmte Längen geschnitten, in Bündel gepackt und gebrannt. In die Löcher der Dochtkohlen wird eine aus schon gebrannter, zermahlener Kohle bestehende Masse gepreßt, welche mit Wasserglas und Borsäure vermischt ist.

Je besser die Kohle, um so ruhiger ist ihr Licht. Die Aufbewahrung von Kohlen soll in trockenen Räumen erfolgen, feuchte Kohlen sollen nicht gebrannt werden.

Große Sorgfalt muß auf die Wartung verwandt werden, damit die Lampen nicht durch Verschmutzen versagen. Das Einsetzen der Kohlestäbe muß sorgfältig erfolgen, so daß die Kohlen senkrecht übereinander stehen.

Akkumulatoren.

Die Akkumulatoren bilden in den Zentralen einen der wichtigsten Teile. Sie ermöglichen eine Aufspeicherung des Stromes, so daß zu Zeiten schwachen Konsums die Maschinen stillgestellt werden, und der Strom von der Batterie entnommen werden kann. Außerdem können sie als Reserve bei plötzlichen Störungen dienen und bei großem Konsum den fehlenden Strom, welcher über die Leistung der Dynamos geht, decken.

Die Akkumulatoren werden aus Blei hergestellt. Die positiven Platten sind zur Erzielung einer großen Oberfläche meist sogenannte Großoberflächenplatten, d. i. die Oberfläche ist aufgeriffelt, wodurch die aktive Oberfläche wesentlich vergrößert wird. Die negative Platte ist eine Gitterplatte, welche mit Paste versehen ist. Die positive Platte ist erkenntlich an der braunen Färbung, die negative an der weißen.

Die Platten werden in Glasgefäße oder in mit Blei ausgeschlagene Holzgefäße eingebaut, so zwar, daß die positiven und negativen Platten einander abwechseln. Die positiven Platten werden hierauf untereinander verbunden und ebenso die negativen. Die einzelnen Zellen werden hintereinander geschaltet, jede Platte besitzt eine Fahne. Diese wird an eine Bleileiste gelötet, welche die Fahnen der Platten mit derselben Polarität verbindet, die einzelnen Platten derselben Polarität sind parallel geschaltet.

Es befindet sich eine negative Platte mehr in jeder Zelle, als positive Platten vorhanden sind. Die Platten dürfen sich untereinander nicht berühren, da sie sonst durch Kurzschluß entladen werden. Es sind verschiedene Vorkehrungen getroffen, welche ein Berühren der Platten verhindern. Die Zellen werden nach der Montage sofort mit Schwefelsäure gefüllt, welche vollkommen rein sein muß. Spuren von Arsen, Eisen usw. zerstören die Platten, auf die Säure ist daher sehr zu achten. Das spezifische Gewicht der Schwefelsäure soll 1,18 betragen, es entspricht dies 22,0° Beaumé.

Je nach Angabe der Fabrik soll die Säure für die erste Füllung ein spezifisches Gewicht von 1,17—1,20 bei 20° C besitzen; zum späteren Nachfüllen für die verdampfte Säure dient Säure bis zu 1,20.

100 l Füllsäure von 1,18 spez. Gewicht werden nach folgender Tabelle hergestellt.

Säure in l	Spez. Gew.	Grad Beaumé	Destilliertes Wasser in l
69,80	1,25	28,8	30,7
73,00	1,24	27,9	27,48
76,41	1,23	26,9	24,01
80,21	1,22	26,0	20,14
84,38	1,21	25,0	15,90
89,02	1,20	24,0	11,17
94,19	1,19	23,0	5,91

Die Säure soll die Oberfläche der Platten stets mindestens 1 cm überragen.

Zum Verdünnen der Schwefelsäure darf nur destilliertes Wasser benutzt werden, da Brunnenwasser Spuren von Metallen enthält, welche den Platten schädlich sind.

Beim Mischen ist darauf zu achten, daß die Säure in das Wasser, nie aber das Wasser in die Säure gegossen wird.

Die Zellen werden auf Holzgestellen aufgestellt, welche aus Pitchpine oder ganz trockenem Kiefernholz, das möglichst harzreich ist, gearbeitet werden. Die Hölzer dürfen nicht mit eisernen Nägeln genagelt werden, es müssen vielmehr Holzpflöcke genommen werden. Bei kleinen Batterien werden die Zellen in Etagen übereinander aufgestellt, bei großen dagegen nur auf dem Fußboden. Zwischen Holzgestell und Zelle befinden sich stets Isolatoren, welche zur Erhöhung der Isolation noch mit Öl gefüllt werden können.

Große Sorgfalt ist auf die Herstellung des Fußbodens zu legen; derselbe muß vollkommen dicht sein, damit nicht Säure durchsickert und Zerstörungen anrichtet. Es empfiehlt sich, den Fußboden entweder mit säurebeständigen Fliesen auszulegen oder ihn mit einer genügend starken Asphaltschicht zu überziehen. Der Asphalt muß sehr gut sein, da er sonst nicht hart wird, sondern weich bleibt, worauf dann die Gestelle einsinken und schief stehen. Auf größte Sauberkeit des Fußbodens ist stets zu achten.

Wände und Decken müssen mit säurefester Farbe gestrichen werden, um der Säure zu widerstehen. Für gute Lüftung ist gleichfalls durch Fenster oder Abzugsschächte zu sorgen. Es muß eine Öffnung für den Zutritt der Luft und eine für den Abzug der Gase hergestellt werden. Ferner ist darauf zu achten, daß die Fenster nicht dem direkten Sonnenlicht Zutritt gestatten; sind die Fenster dem Sonnenlicht ausgesetzt, so müssen die Scheiben mit weißem, säurebeständigem Lack gestrichen werden.

Große Sorgfalt erfordert die Wartung der Batterie. Die überkochende Säure läuft an den Gefäßen herunter und gelangt schließlich über die Isolatoren zum Gestell und so zur Erde, worauf dann Erdschlüsse in der Batterie eintreten, welche Stromverluste mit sich bringen und anderseits dem Bedienungspersonal empfindliche Schläge verursachen. Es müssen die Gläser von Zeit zu Zeit sorgfältig abgerieben werden, ebenso sind die Isolatoren vorsichtig zu säubern.

Die Spannung der einzelnen Zelle ist abhängig von ihrem Ladezustand, eine entladene Zelle hat eine Spannung von 1,83 Volt, eine aufgeladene von 2,2—2,7 Volt.

Bei Beginn der Ladung ist die Spannung rund 2 Volt, steigt dann sehr schnell auf 2,2 Volt und dann allmählich bis 2,4, um dann wieder schneller bis 2,7 Volt zu steigen.

Beim Entladen fällt die Spannung sehr rasch auf 2 Volt, dann auf 1,95, von da langsamer auf 1,9, um dann wieder schneller auf 1,85 zu fallen. Bei 1,83 Volt muß die Ladung unterbrochen werden, um die Zelle vor Beschädigung zu schützen. Es ist stets zu raten, die Vorschriften der Fabrik genau zu befolgen.

Unter der Kapazität einer Batterie versteht man das Produkt aus der Zeit und der Ladestromstärke. Es wird von den Firmen stets eine höchst zulässige Ladestromstärke vorgeschrieben, welche nicht überschritten werden darf.

Für die Entladung werden stets verschiedene Kapazitäten angegeben, und zwar wächst die Kapazität einer Batterie, wenn sie mit geringer Stromstärke entladen wird. Wenn daher von einer Kapazität einer Batterie in Amperestunden gesprochen wird, so muß stets die Entladezeit mit angegeben werden, da die einfache Angabe der Kapazität kein Bild gibt. Die Batterien werden meist für 3-, 5-, $7\frac{1}{2}$- und 10-stündige Entladezeit geliefert. Folgendes Beispiel möge kurz angeben, wie sich die Kapazität einer Zelle bei verschiedener Entladezeit ändert:

Entladezeit in Stunden	Entladestromstärke in Amp.	Kapazität in Amp.-Std.
3	1152	3456
5	768	3840
7,5	565	4241
10	464	4640

Die Kapazität in Amp.-Std. wächst also von 3456 auf 4640, die Entladestromstärke nimmt ab von 1152 auf 464 Amp.

Güteverhältnis eines Akkumulators ist der Quotient aus der bei der Entladung gewonnenen und der in die Batterie geladenen Energie. Derselbe kann zu 75—80% eingesetzt werden.

Der Wirkungsgrad ist der Quotient aus den bei der Entladung gewonnenen Wattstunden zu den bei der Ladung gebrauchten Wattstunden.

Für den Wirkungsgrad in Amperestunden und in Wattstunden hat Heim eine Tabelle aufgestellt. Es wird eine Zelle bis 2,6 Volt geladen und dann bis 5—6% Abfall der Klemmenspannung entladen, so daß die Entladung innerhalb 24 Stunden nach Schluß der Ladung vorgenommen wird. Man erhält für die verschiedenen Entladezeiten dann folgende Werte:

Dauer der Entladung	3 Stunden	5 Stunden	7 Stunden
Stromdichte bei Entladung	1,00—1,25	0,70—0,85	0,50—0,65
Wirkungsgrad bezogen auf Amperestunden in %	91—90%	93—92%	95—93%
Wirkungsgrad bezogen auf Wattstunden in %	77—75%	82—79%	84—82%

Die Zahl der Zellen ist abhängig von der Endspannung der entladenen Zellen. Man erhält die Zahl der aufzustellenden Zellen, wenn man die Netzspannung durch 1,83 dividiert. Bei Pufferbatterien dividiert man die Netzspannung durch 2,05.

Es ergibt sich demnach folgende Zellenzahl für verschiedene Netzspannungen:

	Zahl der Zellen für eine	
Netzspannung in Volt	Lichtbatterie	Pufferbatterie
65	36	—
110	60	—
220	120	106
550	300	267

Die Zahl der Schaltzellen muß gleichfalls festgelegt werden. Bei Verwendung von Doppelzellenschaltern, wie sie heute fast ausschließlich benutzt werden, ist die Zahl der Schaltzellen gleich der Differenz aus sämtlichen Zellen und dem 2,7. Teil der Netzspannung.

Bei Verwendung von Doppelzellenschaltern ergibt sich für verschiedene Netzspannungen folgende Anzahl von Schaltzellen:

Spannung in Volt	Zahl der Schaltzellen
65	12
110	20
220	40
550	100

Die geladene Batterie hat demnach ohne Schaltzellen die Netzspannung, und die entladene Batterie hat die Netzspannung einschließlich der Schaltzellen.

Für die Lieferung von Batterien hat die Vereinigung der Elektrizitätswerke einen Vertrag und Instandhaltungsbedingungen aufgestellt.

Nach diesen muß vor Kapazitäts- und Wirkungsgradproben die Batterie mit Ruhepausen aufgeladen werden, indem man die Batterie bis zur lebhaften Gasentwicklung an den positiven und negativen Platten aufladet, dann die Batterie eine Stunde stehen läßt, um sie dann mit halber

Ladestromstärke wieder bis zu lebhafter Gasentwicklung aufzuladen. Hierauf bleibt die Batterie wieder eine Stunde stehen. Diese Ladung mit Pausen wird nun so lange wiederholt, bis sofort nach dem Einschalten der Batterie die Gasentwicklung lebhaft beginnt.

Hierauf wird die Batterie im normalen Betriebe entladen, nach der Entladung normal geladen bis zur lebhaften Gasentwicklung an den positiven und negativen Platten unter Beobachtung von Stromstärke, Spannung und Gasentwicklung. Hierauf erfolgt eine Entladung mit einer in dem Vertrage festzusetzenden Stromstärke, bis die garantierte Kapazität entnommen ist, resp. bis die Spannung, welche vorgeschrieben ist, erreicht ist. Nach dieser Entladung erfolgt eine Wiederladung, und zwar mit normaler Stromstärke, unter den vorher angegebenen Beobachtungen; der Quotient der letzten Entladung in Amperestunden oder Wattstunden und der letzten Ladung in Ampere- oder Wattstunden ergibt den Wirkungsgrad in Ampere- resp. Wattstunden. Für die Ermittlung des Wirkungsgrades in Wattstunden sind nur die auf die Batterie allein bezüglichen Arbeitswerte zu verwenden. Alle Verluste in den Leitungen zur Verbindung der einzelnen Elementgruppen unter sich sowie in den Leitungen zur Verbindung der Batterie mit der Schalttafel sind entweder auszuschließen oder zu messen und entsprechend zu berücksichtigen.

Bei neuen Batterien, welche sofort nach der Aufstellung geprüft werden, ist das Laden mit Ruhepausen nicht nötig.

Es sei noch erwähnt, daß die Bleiverbindungen äußerst giftig sind und daß sie, falls sie in den Magen gelangen, schwere Bleivergiftungen hervorrufen. Beim Arbeiten mit Bleiverbindungen ist daher jedes Berühren des Mundes mit der Hand zu vermeiden, als Gegenmittel ist Milch zu nehmen.

Für Automobile und Kleinbeleuchtung kommen Anlagebesitzer und Installateure oft in die Lage, kleine Batterien von wenigen Zellen und geringer Kapazität aufladen, sowie Reparaturen an diesen Zellen vornehmen zu müssen.

Das Anlöten von Fahnen erfordert große Übung und Geschicklichkeit. Das Blei oxydiert sehr schnell, so daß die Lötstelle nicht hält. Wenn angängig, empfiehlt sich das Löten mittels Wasserstoffapparates, wodurch das sich bildende Oxyd sofort reduziert wird. Beim Löten mit dem Kolben muß sehr schnell gearbeitet werden.

Sollen einzelne Zellen von einem Netz mit höherer Spannung geladen werden, so müssen Ladewiderstände gebaut werden.

Am gebräuchlichsten sind die Glühlampenwiderstände (Fig. 79). Sie ermöglichen ein leichtes Auswechseln der Lampen, so daß je nach der Ladestromstärke Lampen für 10, 16, 25 usw. Kerzen gewählt werden können.

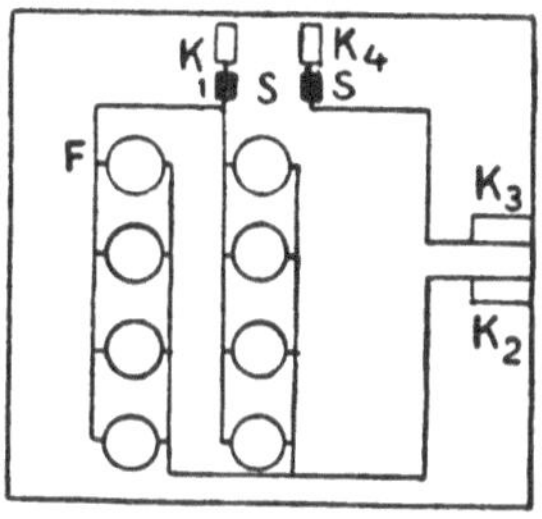

Fig. 79.

Meist werden Kohlenfadenlampen benutzt, mit der der Strom fein reguliert werden kann. Nachstehende Tabelle gibt den Watt- und Stromverbrauch dieser Lampe an

Kerzenstärke in HK	110 Volt Watt	110 Volt Amp.	220 Volt Watt	220 Volt Amp.
10	36	0,33	45	0,21
16	55	0,50	63	0,29
25	86	0,78	98	0,45
32	110	1,00	126	0,57

Fig. 79 zeigt den Aufbau einer Ladetafel. Auf einer Platte aus Isoliermaterial werden mehrere, zueinander parallel geschaltete Fassungen F montiert, ein Pol der Glühlampe wird an den $+$-Pol an K_1 gelegt, der andere Pol wird an eine Klemme K_2. Die Klemmen K_3 und K_4 werden durch einen Draht verbunden. Zwischen K_2 und K_3 wird die Zelle angeschlossen unter Beobachtung der Polarität.

Zum Schutz gegen zu hohe Belastung werden zwei Sicherungen S S vor den Klemmen K_1 und K_4 eingebaut.

Die Fassungen sollen Hahnfassungen sein, damit jede Lampe einzeln ein- und ausgeschaltet werden kann.

Die Ladung soll unter Benutzung eines Volt- und Amperemeters erfolgen.

Bei der Ladung müssen die Verschlußstöpsel der Zellen entfernt werden, damit die entstehenden Gase entweichen können. Der Anschluß muß unter Beobachtung richtiger Polarität erfolgen, es muß stets der positive Pol der Leitung mit dem positiven Pol der Zelle und der negative Pol der Leitung mit dem negativen Pol der Zelle verbunden werden. Die Feststellung der Polarität der Leitung erfolgt durch Polreagenzpapier, es wird auf beide Pole ein Stückchen angefeuchtetes Reagenzpapier gehalten, worauf an dem negativen Pole auf dem Papier eine rote Färbung entsteht. Die Zellen sind mit Plus- und Minusschildchen versehen.

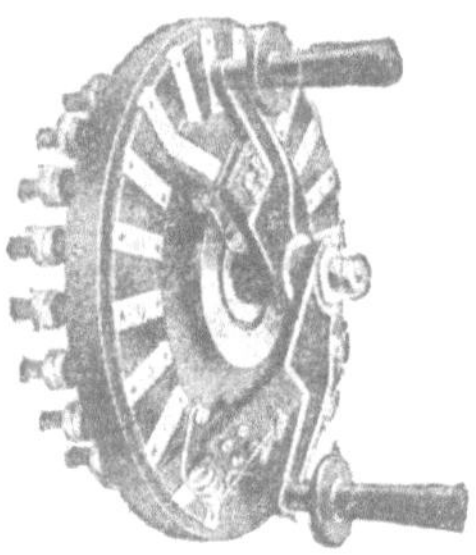

Fig. 80.

Bei größeren Zellen wird oft ein Drahtwiderstand benutzt, welcher durch eine Regulierkurbel verstellbar ist.

Die Zellenschalter haben den Zweck, die Schaltzellen zu- oder abschalten zu können. Sie werden als Einfach- und Doppelzellenschalter mit Hand- oder automatischem Antrieb hergestellt. Zwischen den einzelnen Kontakten befinden sich Stücke aus Isoliermaterial. Die Einfachzellenschalter werden nur sehr selten verwendet. Die Doppelzellenschalter besitzen einen Lade- und einen Entladehebel, durch ihre Verwendung kann man während der Ladeperiode Strom in das Netz abgeben. Einen Doppelzellenschalter zeigt Fig. 80. An jeden Kontakt wird eine Leitung einer Schaltzelle angeschlossen, so daß die Spannung zwischen zwei Kontakten rund 2 Volt beträgt. Bei Anlagen mit 220 Volt werden meist zwei Zellen an einen Kontakt angeschlossen, so daß dann die Spannung zwischen zwei Kontakten rund 4 Volt beträgt. Damit der Hebel beim Vorwärtsbewegen nicht zwei Kontakte gleichzeitig berührt und so die Zelle kurzschließt, wird der Hebel aus zwei getrennten Teilen hergestellt, welche durch einen Widerstand verbunden sind. Dieser Widerstand wird so bemessen, daß er auf kurze Zeit den Strom der Zelle aushalten kann.

In Anlagen mit Akkumulatorenbatterie muß dafür gesorgt werden, daß bei etwaigem plötzlichen Stehenbleiben der Dynamo die Batterie nicht Strom in die Dynamo entsendet und diese als Motor treibt. Um dies zu verhüten, werden Minimalautomaten eingebaut, welche im Augenblicke die Leitung unterbrechen, sobald die Dynamo stromlos wird. Das Prinzip beruht bei diesen Minimalautomaten darauf, daß der eigentliche Schalter von einer Spule umgeben ist, durch welchen beim Einschalten Strom fließt, wodurch eine am oberen Ende befindliche Eisenplatte magnetisch wird. Dieser Magnet hält dann bei einer bestimmten Stromstärke einen zweiten Hebel fest, so daß der Schalter eingeschaltet bleibt. Sinkt der Strom unter das für den Schalter bestimmte Maximum, so läßt der Magnet den zweiten Hebel los; beim Herunterfallen schlägt dieser zweite Hebel auf einen Ansatz an dem stromführenden Schalter und reißt diesen mit heraus, wodurch dann der Strom unterbrochen wird. Eine Entladung der Batterie auf die Dynamo kann also nicht stattfinden.

Um die Batterie aufladen zu können, muß die Spannung erhöht werden. Dies geschieht entweder durch Zusatzaggregate, indem die Hauptdynamo mit der normalen Spannung weiterarbeitet und die mit dieser in Serie geschaltete Zusatzdynamo die fehlende Spannung liefert. Zusatzmaschinen sind dann erforderlich, wenn die Tourenzahl der Antriebsmaschine nicht verändert werden kann. Wenn die Tourenzahl der Antriebsmaschine gesteigert werden kann, kann eine Dynamo mit veränderlicher Spannung genommen werden. Die Dynamo muß dann von der normalen Netzspannung bis zur Höchstspannung der Batterie ihre Spannung verändern können. Hierbei ist zu beachten, daß mit steigender Spannung die Stromstärke der Dynamo heruntergeht. Die Dynamo muß also unter Umständen größer gewählt werden, als normal nötig ist, damit sie die normale Ladestromstärke leisten kann.

In Fig. 81 ist die Schaltung eines Doppelzellenschalters dargestellt. Der Strom kommt von der Dynamo D und gelangt zu einem Umschalter U, welcher zwei Kontakte a und b besitzt. Liegt der Umschalter auf a, so fließt der Strom nach dem Ladehebel Z_1 des Doppelzellenschalters. von hier durch die Schaltzellen, die Stammzellen, das Amperemeter A_B und durch das Netz zur Dynamo zurück. Der Entladehebel Z_2 dient dazu, bei Stillstand der Dynamo über das Netz den Strom zur Batterie zurückzuleiten

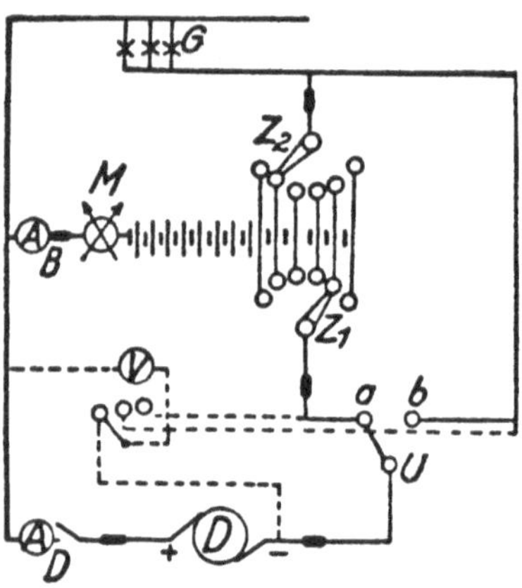

Fig. 81.

Soll bei großer Belastung die Dynamo durch die Batterie unterstützt werden, d. i. sollen Dynamo und Batterie parallel arbeiten, so wird der Umschalthebel auf b gelegt, worauf die Glühlampen G den Strom von Dynamo und Batterie erhalten. Hierzu muß vorher unter allmählicher Regulierung der Dynamospannung Schalter Z_1 auf denselben Kontakt wie Z_2 gestellt werden, worauf dann der Umschalter U funkenlos von a nach b umgelegt werden kann. Stehen die beiden Schalter Z_1 und Z_2 nicht auf demselben Kontakt, so werden die dazwischen liegenden Zellen kurzgeschlossen und können zerstört werden. Bei Verwendung von Doppelzellenschaltern kann während der Ladung Strom in das Netz abgegeben werden.

Die Spannung der Dynamo, der Batterie und des Netzes wird an dem Voltmeter V abgelesen, welches durch einen Voltmeterumschalter auf die einzelnen Teile geschaltet werden kann.

Elektrische Maschinen.

Unter Frequenz versteht man bei Wechsel- und Drehstrommaschinen die Zahl der in einer Sekunde auftretenden Wechsel.

Bezeichnet man die Umdrehungszahl einer Maschine mit n, die Zahl der Polpaare mit p, so ist

$$\text{Periodenzahl} = \frac{n \cdot p}{60}.$$

Hieraus ergeben sich folgende Beziehungen für eine Periodenzahl von 50:

Umdrehungszahl	Zahl der Polpaare
3000	1
1500	2
1000	3
750	4
600	5
500	6

Bei Asynchronmotoren wird die Drehung durch die Wechselwirkung zwischen Drehfeld und den durch dieses im Läufer induzierten Strömen hervorgerufen. Der Läufer erhält seinen Strom nur durch Induktion.

Wenn asynchrone Motoren überlastet werden, fallen sie aus dem Tritt und bleiben stehen.

Synchronmotoren haben eine besondere Gleichstromerregung, ihre Umdrehungszahl ist von der Polzahl und der Periodenzahl des Drehstromes abhängig. Der Motor behält seine Umdrehungszahl bei jeder Belastung, wird er zu stark überlastet, so bleibt er stehen.

Asynchrone Motoren laufen niemals genau mit ihrer synchronen Umdrehungszahl, sie laufen vielmehr stets etwas langsamer. Man nennt das Verhältnis aus der Differenz von synchroner und wirklicher Umdrehungszahl zu der wirklichen Umdrehungszahl die „Schlüpfung“.

Aufstellung von Motoren.

Motoren müssen so aufgestellt werden, daß bei eintretenden Feuererscheinungen eine Entzündung von in der Nähe lagernden Stoffen ausgeschlossen ist. Ferner muß stets darauf Rücksicht genommen werden, daß die Maschine jederzeit erreichbar ist. Vor allem müssen die Anlaßvorrichtungen immer zugänglich sein, damit bei plötzlichen Störungen und Feuererscheinungen die Maschine sofort abgeschaltet werden kann. Es ist daher falsch, den Anlasser so über oder gar hinter der Maschine anzubringen, daß er beim Auftreten von Flammen an der Maschine nicht bedient werden kann. Die Anordnung muß immer so getroffen werden, daß der Anlasser in angemessener Entfernung von dem Motor befestigt wird.

Wenn der Motor Hochspannung führt, muß das Gehäuse geerdet werden, um etwa übertretende Hochspannung ohne Gefahr ableiten zu können. Der Fußboden muß, wenn er leitend ist, bei Hochspannungsmotoren gutleitend mit der Erdung verbunden werden.

Beim Transport vom Fahrzeug zum Aufstellungsort müssen unter den Motor Bohlen gelegt werden, damit er nicht auf dem Fußboden unmittelbar geschoben wird. Zum Fortrollen werden runde Hölzer oder Eisenrohre unter die Bohle geschoben, wodurch der Transport sehr erleichtert wird. Bei großen Motoren müssen Winden u. dgl. besorgt werden, um den Motor auf das Fundament vorsichtig aufsetzen zu können.

Ebenso ist beim Auf- und Abladen der Motoren größte Vorsicht anzuwenden, um Beschädigungen zu vermeiden.

Bei Übertragung der Kraft durch Riemen muß darauf geachtet werden, daß die Welle des Motors und der Transmission vollkommen parallel stehen. Dies „Ausrichten“ muß vor dem Vergießen des Motors erfolgen und mit peinlichster Sorgfalt vorgenommen werden. Nachdem der Motor auf dem Fundament horizontal ausgerichtet ist, wird eine Schnur außen an den Riemenscheiben gespannt, welche auf den Kränzen der Riemenscheiben aufliegen muß (Fig. 82). Das Verschieben des Motors erfolgt so lange, bis die Schnur in einer Ebene zu 1, 2, 3, 4 liegt. Hierbei ist darauf zu achten, daß weder an den Punkten 2 noch an 3 die Schnur eine Einbuchtung erfährt, da dies ein Zeichen dafür ist, daß die Wellen noch nicht parallel sind.

Bevor der Motor fest vergossen wird, muß die horizontale Lage des Motors noch einmal nachgeprüft und gegebenenfalls berichtigt werden.

Je sorgfältiger diese Arbeit ausgeführt wird, um so besser wird der Motor laufen. Das lästige Abspringen des Riemens während des Betriebes ist oft auf eine nicht sorgfältige Ausführung der Aufstellung zurückzuführen.

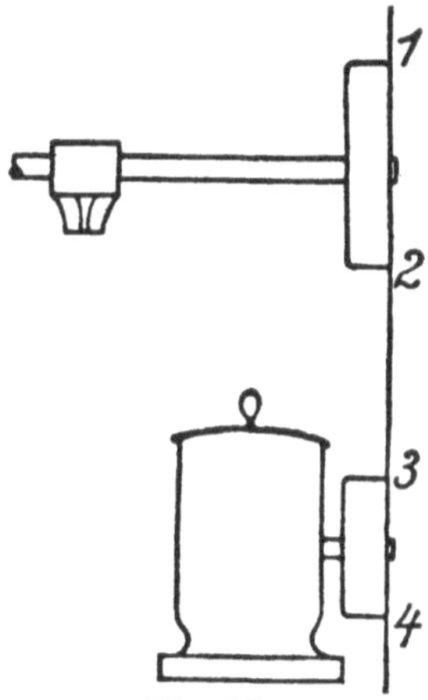

Fig 82.

Oft findet man Motoren, welche nicht der Art des Raumes entsprechend aufgestellt sind. So stehen in Mühlen Motoren, welche weder gekapselt, noch mit einem Schutzgehäuse gegen Verstauben versehen sind. Durch den sich während des Betriebes im Innern des Motors ansammelnden Staub wird die Isolation der Wicklungen allmählich zerrieben, bis plötzlich infolge Kurzschlusses die Spulen aufbrennen, wodurch der Motor zerstört ist. Der Installateur muß daher für staubige Räume entweder Motoren mit entsprechender Kapselung nehmen oder er muß über den Motor einen aus Holz oder Eisenblech bestehenden Kasten setzen, welcher möglichst staubdicht gefugt sein muß. Um zu verhindern, daß hölzerne Kästen bei Stichflammen sofort verbrennen, ist der Kasten im Innern an allen Stellen, welche von Stichflammen getroffen werden können, mit Asbest und Blech auszuschlagen.

Außerdem sind die Besitzer derartiger Motoren stets wiederholt darauf hinzuweisen, daß die Motoren häufiger mit einem Blasebalg oder einem anderen geeigneten Apparat vollkommen, vornehmlich auch im Innern, zu säubern sind. Ein oberflächliches Abpusten ist zwecklos, es muß vielmehr die Säuberung sich in erster Linie auf ein sehr sorgfältiges Ausblasen der Wicklungen im Innern des Motors erstrecken. Ist der Motor sehr stark verstaubt, muß der Anker oder Rotor herausgenommen werden, damit alle Teile zugänglich sind. Je sorgfältiger diese Arbeit vorgenommen wird, um so länger wird der Motor betriebsfähig bleiben.

Fehlerhaft ist es auch, Motoren so aufzustellen, daß sie von Spritzwasser getroffen werden können. Gelangt Feuchtigkeit in die Wicklungen, so wird die Isolation allmählich zerstört, ebenso geschieht dies, wenn der Motor von Ölspritzern getroffen wird, welche eine Zersetzung der Isolation bewirken.

Bei Gleichstrommotoren muß der Kollektor öfters nachgesehen und wieder blank gemacht werden. Ebenso muß beim Einsetzen neuer Bürsten darauf geachtet werden, daß diese nicht auf dem Kollektor oder den Schleifringen kratzen.

Eine besondere Sorgfalt ist bei der Auswahl des Schmieröles walten zu lassen. Das beste Dynamoöl sollte verwendet werden, da dieses die Lager nicht angreift und nicht schmiert. Jede Sparsamkeit in diesem Punkte ist unangebracht.

Um die Lager nicht zu stark abzunutzen, darf der Riemen nicht zu sehr gespannt sein. Eine Regulierung der Riemenspannung erfolgt durch Verschieben des Motors auf den Spannschienen. Es ist dringend zu raten, die Riemenspannung von Zeit zu Zeit zu prüfen. Sollten die Lager abgenutzt sein, so müssen dieselben sofort erneuert werden, da sonst der Läufer leicht an dem Rotor schleift und die Rotorwicklungen zerstört. Viele Störungen im Betriebe sind darauf zurückzuführen, daß infolge schlechter Lager die Wicklungen aufeinander schleiften und sich zerrieben.

Je sorgfältiger die Aufstellung eines Motors bedacht und durchgeführt wird, um so besser wird der Motor im Betriebe arbeiten. Kleine Versehen und Unachtsamkeiten sind oft die Quellen allmählich sich einstellender Störungen, welche ausgeschlossen wären, wenn bei der Aufstellung richtige Sachkunde gewaltet hätte.

Fig. 83 zeigt, wie eine Gleichstrom-Nebenschlußdynamo angeschlossen wird. Die Ankerwicklung ist AB, die der Magnete CD, A ist mit dem Kontakt t des Nebenschlußregulators verbunden, der Schalthebel s mit der Klemme C der Magnete, die Klemme D mit dem Kurzschlußkontakt q. Das Magnetfeld wird durch Veränderung des Widerstandes in dem Nebenschlußregulator verändert.

Bei dem Anlassen wird der Nebenschlußregulator so weit eingeschaltet, bis das Voltmeter die Netzspannung zeigt. Sodann wird der Hauptschalter eingelegt. Steigt oder sinkt

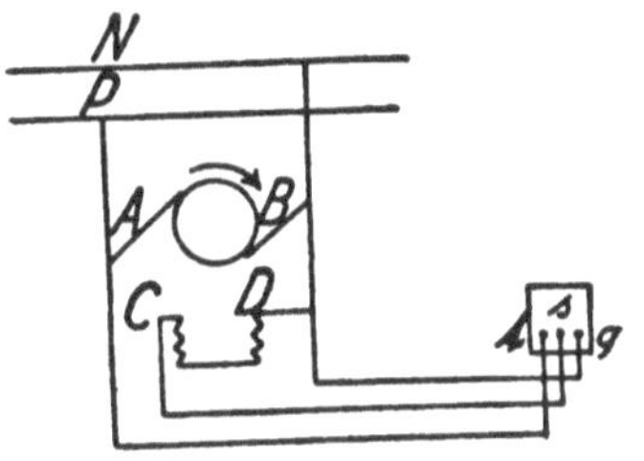

Fig. 83.

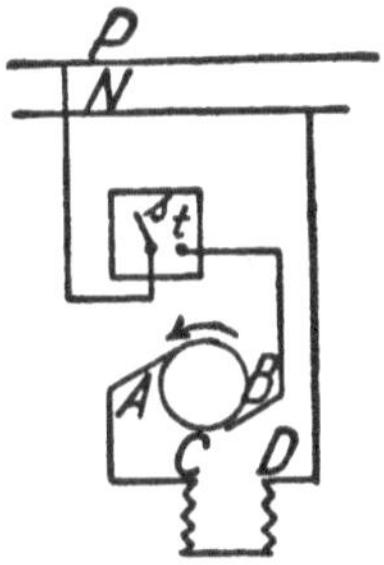

Fig. 84.

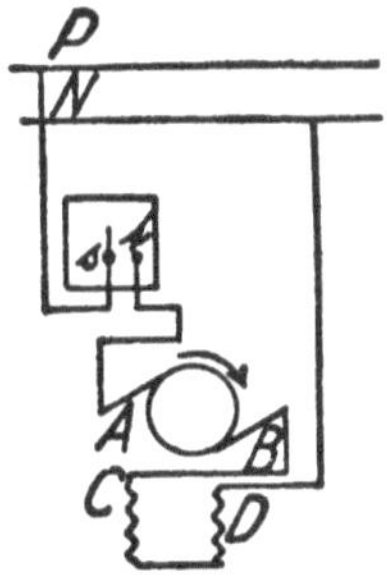

Fig. 85.

die Spannung im Betriebe, so wird der Widerstand ein- oder ausgeschaltet. Beim Abstellen soll zuerst der Nebenschlußregulator abgeschaltet werden, worauf dann der Hauptschalter geöffnet wird.

Fig. 84 zeigt die Schaltung eines Hauptstrommotors bei Linkslauf. Der Strom kommt von der positiven Leitung P zu dem Anlasser an den Kontakt s, durcheilt die Windungen und tritt über t in den Anker bei B ein. Der Strom verläßt den Anker bei A, fließt durch die Hauptstromwicklung CD und zum negativen Pol N zurück. Soll der Motor rechts herum laufen, so wird die Schaltung nach Fig. 85 vorgenommen. Der Strom kommt von P über den Widerstand nach A, durch den Anker nach B, von dort durch den Magneten CD und fließt zum Netz nach N zurück. Es ist hier eine Vertauschung der Klemmen A und B gegenüber der Schaltung in Fig. 84 vorgenommen.

Zum Anlassen und Regulieren von Nebenschlußmotoren dient ein Anlasser, welcher gleichzeitig zum Regulieren gebraucht wird. Er schaltet beim Abstellen des Motors zuerst die zum Anker führende Leitung und dann die Feldwicklung ab. Fig. 86 zeigt den Aufbau des Apparates.

Die schraffierten Teile bestehen aus Isoliermaterial, die anderen aus Metall. Es sind zwei konzentrische Segmente angeordnet, das obere ist mit dem Anker, das untere mit dem Feld verbunden. In Stellung I ist der Motor abgeschaltet, bewegt man den Hebel nach rechts in die Stellung II, so fließt der Strom auf dem Wege nach II durch die Spulen zwischen I und II, somit durch die Feldwicklung, während der Anker noch keinen Strom erhält. In Stellung II sind die Anlaßspulen des Feldes ausgeschaltet. Wird der Hebel jetzt nach rechts weiterbewegt, so durchfließt der Strom den Anker unter Durchlaufen der vorgeschalteten Spulen. Das Feld ist jetzt kurz geschlossen. In Stellung III sind die Vorschaltwiderstände des Ankers ausgeschaltet, der Anker ist ebenfalls kurz geschlossen. Wird der Hebel jetzt noch weiter nach rechts gedreht, so bleibt der Anker kurz geschlossen. In den Nebenschluß wird aber jetzt Widerstand eingeschaltet, wodurch die Drehzahl des Motors geändert wird.

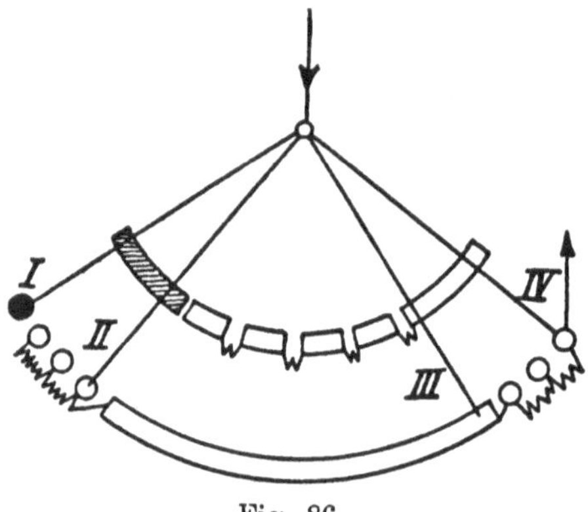

Fig. 86.

Beim Abschalten des Motors wird zuerst der Anker abgeschaltet und dann das Feld.

Die Schaltung von III nach IV erfolgt, wenn der Motor mehr belastet werden soll.

In Fig. 87 ist der Anschluß eines Nebenschlußmotors bei Rechtslauf dargestellt. Der Strom gelangt von der Leitung P an die Klemme L, über M in den Nebenschluß, über R in den Anker nach A. Die Ströme durchfließen den Nebenschluß CD und den Anker AB, vereinigen sich bei B und fließen zur Leitung N zurück. In Fig. 88 sehen wir den Anschluß desselben Motors bei Linkslauf. Der Strom kommt von L nach M und R, der Strom über M fließt durch CD, der von R über B nach A, die Ströme vereinigen sich jetzt in A und fließen zur Leitung N ab.

Die Schaltung eines Drehstrommotors mit Kurzschlußanker zeigt Fig. 89. Von den Phasen R, S und T führen Leitungen zu einem dreipoligen Schalter Sch, von welchem

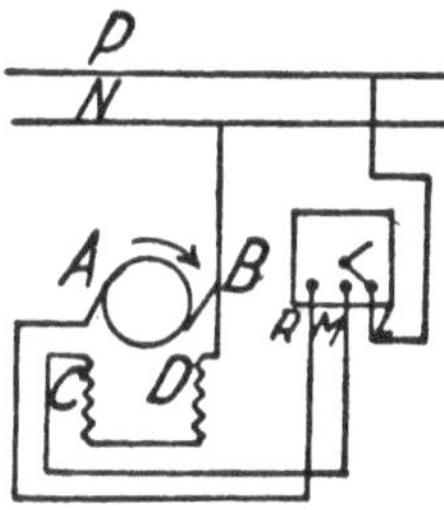

Fig. 87.

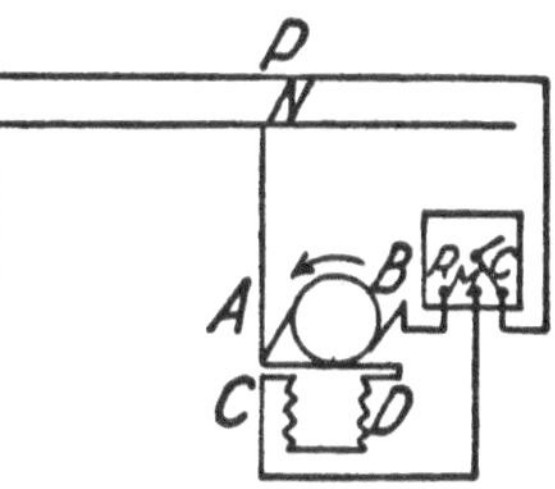

Fig. 88.

wieder Drähte zu den Motorklemmen U, V und W führen. Durch Einlegen des Schalters wird der Motor angelassen. Die Drehrichtung wird dadurch verändert, daß z. B. die Drähte an den Klemmen U und V vertauscht werden.

Soll ein Motor mit Sterndreieckschalter angelassen werden, so erfolgt die Schaltung nach Fig. 90. Von den Phasen R, S und T gehen zu einem dreipoligen Schalter Sch drei Leitungen ab. Hinter dem Schalter zweigt von jeder Phase ein Draht zu dem Sterndreieckschalter ab, und ebenso ein Draht zu den Klemmen U, V und W. Von den Klemmen X, Y und Z des Motors werden zu dem Anlasser gleichfalls Leitungen gelegt, wobei in der Reihenfolge zu verbinden ist, wie es die Figur darstellt. Wird der Anlasser in Stellung I gelegt, so läuft der Motor in Sternschaltung, in Stellung II in Dreieckschaltung.

Fig. 91 zeigt die Schaltung eines Drehstrommotors mit Schleifringanker. Von dem dreipoligen Ausschalter führen drei Leitungen zu den drei Klemmen U, V, W, welche mit den Statorwicklungen in Verbindung stehen. Von dem Rotor, welcher in Sternschaltung geschaltet ist,

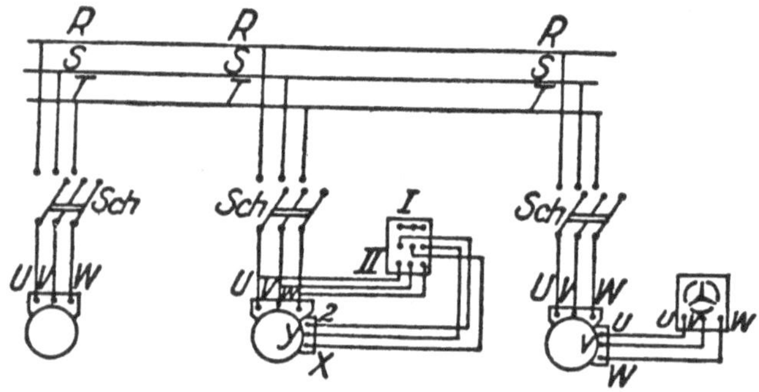

Fig. 89. Fig. 90. Fig. 91.

führen von den freien Enden der Wicklungen drei Leitungen zu den Klemmen U, V, W. Von hier führen Leitungen zu den Klemmen U, V, W des Anlassers.

Soll bei einem Drehstrommotor die Drehrichtung geändert werden, so vertauscht man die Leitungen von zwei Phasen am Stator. Hierzu wird oft ein Umschalter benutzt.

Inbetriebsetzung elektrischer Maschinen.

Sobald die Maschinen aufgestellt sind, müssen sie nötigenfalls ausgetrocknet werden. Bei kleinen Maschinen geschieht dies durch Kokskörbe, größere Maschinen werden mit Strom ausgetrocknet, wobei der Kurzschlußstrom benutzt wird. Die Maschine wird angelassen, wobei darauf zu achten ist, daß die Spannung nicht zu hoch wird, um Durchschläge zu verhüten. Das Kurzschließen erfolgt mittels starken Kupferdrahtes. Zum Schutz gegen das Auftreten zu hoher Stromstärken wird für die Beobachtung ein Amperemeter eingeschaltet. Die Erregung wird so hoch getrieben, daß der höchstzulässige Strom erreicht wird.

Das Austrocknen muß sehr vorsichtig vorgenommen werden. Sobald sich auch nur der leiseste Brandgeruch bemerkbar macht, muß das Austrocknen sofort unterbrochen und die Maschine untersucht werden.

Die Dauer des Austrocknens richtet sich nach der Größe der Maschine, nach dem Zustand, ob sie sehr feucht war, unter 8—10 Stunden soll die Austrocknung nicht vorgenommen werden. Am Schluß muß eine Isolationsprüfung vorgenommen werden.

Eine Berührung der Maschine während des Austrocknens ist unter allen Umständen zu vermeiden.

Sobald die Maschine an ihrem Verwendungsorte aufgestellt ist, prüft man bei Gleichstrommaschinen, ob die Magnete richtig untereinander verbunden sind. Dies kann mit einer Magnetnadel ausgeführt werden nach der bekannten Ampereschen Schwimmregel.

Fig. 92.

Sehr wichtig ist das Einschleifen der Bürsten. Man legt auf den Kollektor K (Fig 92) ein Stück Glaspapier ab mit der scharfen Seite nach oben, so daß es gegen die Kohlebürste B reibt. Durch Hinundherziehen des Glaspapieres wird die Kohle allmählich entsprechend der Rundung des Kollektors eingeschliffen.

Bei der Inbetriebsetzung legt man unter jede Bürste ein Stückchen Papier, so daß der Kollektor von den Bürsten isoliert ist. Läßt man jetzt die Maschine laufen und erregt sie, so muß eine an zwei nebeneinander liegende Bürstenhalter angeschlossene Lampe brennen. Ist dies nicht der Fall, so ist entweder die Maschine falsch angeschlossen, oder es ist eine Leitung unterbrochen. Der Fehler ist sofort zu beseitigen. Ist der remanente Magnetismus verloren gegangen, so muß die Maschine fremd erregt werden.

Brennen die Lampen, so kann die Maschine in Betrieb genommen werden. Wird sie belastet, so können Erscheinungen auftreten, die auf einen Fehler deuten.

So kann bei Belastung der Anlasser übermäßig warm oder sogar glühend werden. Es ist dann zu prüfen, ob der Anlasser für den Betrieb geeignet ist. So kann z. B. in einem Betriebe der Motor sofort mit Belastung anlaufen. Wenn der Anlasser dann nicht für Vollast gewählt ist, wird er warm oder glühend werden. Es muß dann der Anlasser gegen einem für den Betrieb passenden ausgewechselt werden.

Häufig erhält man nach kurzer Betriebsdauer in dem Motor eine derartig hohe Erhitzung, daß die Isolation gefährdet wird. Es stellt sich dann meist bei einer Messung mit Ampere- und Voltmeter heraus, daß die bei der Bestellung gemachten Angaben nicht zutreffen, daß vielmehr die Belastung für den Motor zu groß ist. In diesem Falle muß ein größerer Motor aufgestellt werden, wobei dann für die Wahl die gemachten Messungen bestimmend sein müssen.

Bei Motoren, welche mit Riemen angetrieben werden, läuft ein Lager warm. Es ist dann zu prüfen, ob die Achse der Transmission und des Motors vollkommen parallel liegen. Ist dies nicht der Fall, so wird das eine Lager schief laufen und dadurch warm werden. Es muß dann die Aufstellung genau nachgeprüft werden, wobei vor allem nachzusehen ist, ob die Achsen parallel liegen.

Laufen beide Lager warm, so wird voraussichtlich der Riemen zu stramm angespannt sein. Es müssen dann die Spannschrauben so weit nachgelassen werden, bis der Riemen die richtige Spannung hat.

Das Funken bei Vollast und Überlastung ist durch Verstellen der Bürsten zu beseitigen, wobei bei einer Dynamo die Bürsten im Sinne der Drehrichtung, bei einem Motor entgegen dem Drehsinne verschoben werden müssen. Funkt der Motor trotz der Bürstenverstellung, so muß die Stromaufnahme durch ein Amperemeter festgestellt werden. Ergibt die Messung, daß die Stromaufnahme zu groß ist, so muß der Motor entweder weniger belastet oder durch einen größeren ersetzt werden.

Beim Inbetriebsetzen muß auch darauf geachtet werden, daß die Maschine in der Richtung läuft, wie sie in der

Fabrik geschaltet ist. Soll sie im entgegengesetzten Sinne laufen, so muß die Maschine entsprechend umgeschaltet werden.

Gehen beim Anlassen die Sicherungen durch, so müssen die Sicherungen der Anlaufstromstärke entsprechend bemessen werden. Hierzu ist es nötig, die Anlaufstromstärke durch ein Amperemeter zu bestimmen.

Wird bei Drehstrommotoren der Schalter eingeschaltet, so muß man in dem Motor ein Brummen hören. Fehlt dieses Brummen, so muß nachgesehen werden, ob in der Zuleitung eine Unterbrechung vorhanden ist, oder ob eine Sicherung durchgebrannt ist. Nach Beseitigung des Fehlers ist der Motor erneut einzuschalten.

Brennen die Sicherungen beim Anlassen oder bei Volllast durch, so muß gemessen werden, ob der Motor nicht zu klein ist. Ergibt die Messung, daß der Motor zu klein ist, so muß er gegen einen größeren ersetzt werden.

Läuft der Motor nicht im richtigen Drehsinne, so muß durch Vertauschen von zwei Drähten die Drehrichtung umgeändert werden.

Wird der Motor bereits bei Leerlauf sehr warm, so kann der Motor falsch geschaltet sein, d. i., er kann anstatt in Dreieckschaltung in Sternschaltung verbunden sein. Eine Messung mit dem Voltmeter zwischen den Phasen zeigt, ob die Schaltung richtig ist. Ergibt die Messung, daß die Spannung den 1,73fachen Wert der für den Motor bestimmten besitzt, so muß der Motor von Stern auf Dreieck umgeschaltet werden.

Treten Erscheinungen auf, wie sie bei den Gleichstrommotoren besprochen sind, so ist entsprechend Abhilfe zu schaffen.

Wartung der Maschinen.

Bei der Wartung im Betriebe muß vor allem auf größte Reinlichkeit geachtet werden. Durch Staub, welcher im Betriebe auftritt, werden oft Störungen unangenehmster Art hervorgerufen. Der Staub sammelt sich im Innern des

Ankers, wo er sich auf den Wicklungen niederschlägt und deren Isolation allmählich zerreibt. So entstehen Kurzschlüsse in den Wicklungen, welche zu Betriebsstörungen führen. Es muß daher periodisch der Staub aus dem Innern der Wicklungen mittels geeigneter Entstaubungsvorrichtungen entfernt werden. In Zentralen muß sorgfältig darauf geachtet werden, daß alle Teile sauber gereinigt werden. In staubigen Betrieben, Mühlen, Spinnereien usw. müssen die Arbeiter angehalten werden, je nach der Art des Betriebes den Motor häufiger auszublasen. Bildet sich an den Wickelköpfen eine Kruste, so muß diese sorgfältigst entfernt werden. Andernfalls wird die Isolation in verhältnismäßig kurzer Zeit zerstört. In Räumen, welche scharfe Dünste entwickeln, muß durch Erneuerung des Anstriches der Spulen von Zeit zu Zeit die zerstörende Wirkung der Dünste behoben werden. Je sorgfältiger die Maschinen gereinigt werden, um so länger hält die Isolation, um so länger arbeitet die Maschine einwandfrei. In Sauggasanlagen bildet sich auf dem Kollektor ein bläulicher Niederschlag, welcher täglich durch Abwischen mit einem Lappen zu entfernen ist, möglichst vor Beginn des Betriebes und am Ende desselben. Auch der Staub von den Kohlebürsten muß sorgfältig entfernt werden.

Ferner ist vor jedem Inbetriebgehen nach den Lagern zu sehen. Dieselben müssen genügend mit Öl gefüllt sein. Bei Ringschmierlagern hält das Öl längere Zeit vor. In gewissen Abständen ist das Öl zu entfernen, da es dick geworden ist. Das Öl muß absolut säurefrei sein. Man prüft Öl auf Säurefreiheit, indem man einen Stahl blank macht und ihn mit einem mit dem Öl getränkten Lappen umwickelt. Bilden sich nach einiger Zeit auf dem Stahl Rostflecken, so ist das Öl nicht gut.

Die Lager sollen von Zeit zu Zeit mit Petroleum ausgespült werden, um alle Unreinigkeiten zu entfernen.

An Kollektoren findet eine allmähliche Abnutzung statt. Um die Abnutzung zu verringern, wird der Kollektor vor jedem Anlassen zweckmäßig mit säurefreiem Fett leicht eingefettet. Auch Vaseline kann hierzu verwandt werden.

Wenn der Kollektor etwas rauh wird, so nimmt man einen Klotz H (Fig. 93), dessen Rundung und Breite der des Motors entspricht. Auf der Rundung befindet sich eine Lage Glaspapier oder Karborundumpapier. Dieser Klotz wird gegen den Kollektor K angedrückt, wobei die Maschine läuft. Sobald die kleinen Unebenheiten beseitigt sind, wird der entstandene Staub sorgfältig entfernt, damit er nicht zwischen die Wicklungen kommt. Niemals soll der Kollektor mit einer Feile bearbeitet werden, um unrunde Teile zu beseitigen.

Sind die Unebenheiten des Kollektors im Laufe der Zeit so groß, daß die Bürsten nicht mehr richtig aufliegen, so muß der Kollektor abgedreht werden.

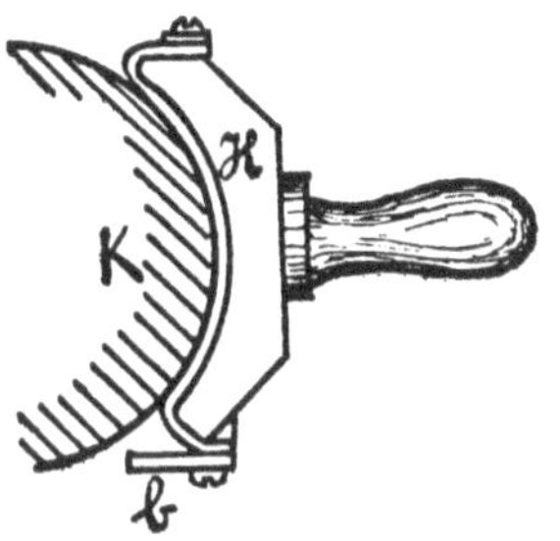

Fig. 93.

Die Bürsten müssen stets mit einem genügenden Druck auf dem Kollektor aufliegen. Kupferbürsten erhalten einen Druck von rd. 120 g/qcm, Kohlenbürsten einen solchen von rd. 140 g/qcm. Für Motoren, welche in Räumen stehen, welche starken Erschütterungen ausgesetzt sind, wird der Auflagedruck bis 250 g/qcm erhöht. Die Stromdichte von Kupferbürsten ist 12—33 Amp. bei einer Geschwindigkeit von 3—10 m/sec, bei Kohlenbürsten 3—8 Amp.

Die Bürstenhalter sind stets sauber zu halten, die Bürsten müssen stets gleich weit aus den Haltern hervorstehen, damit alle Teile gleichmäßig belastet werden.

Kupferbürsten müssen mit einer Schere so beschnitten werden, daß alle Teile auf dem Kollektor aufliegen, verbogene Bürsten müssen sofort in die richtige Lage gebracht werden.

Im Laufe der Zeit treten gelegentlich Störungen auf, welche schnell gefunden und beseitigt werden müssen. Bei dem Aufsuchen der Fehler soll stets systematisch vorgegangen werden, ein wahlloses Suchen hält unnötig auf, während bewußtes Vorgehen stets schnell zum Ziele führt.

So kann starke Funkenbildung am Kollektor auftreten. Beim Besichtigen des Kollektors sieht man eine angefressene Stelle zwischen benachbarten Lamellen. Ein Messen an diesen Stellen ergibt, daß die Ankerwicklung hier unterbrochen ist. Durch Verlöten der Unterbrechungsstelle kann Abhilfe geschaffen werden, wenn die Stelle erreichbar ist, andernfalls muß der Anker in die Fabrik, um neu gewickelt zu werden.

Beobachtet man ein starkes Tanzen der Bürsten, so muß der Kollektor nachgesehen werden, da er unrund ist. Genügt Abschmirgeln, so ist dies vorzunehmen, bei größeren Schäden muß ein Abdrehen vorgenommen werden. Gelegentlich ist auch eine Fahne ausgelötet, sie muß neu gelötet werden. Das Funken kann auch davon herrühren, daß bei verschraubten Ankerdrähten sich die Schrauben gelockert haben. In diesem Falle sind die Schrauben fest anzuziehen. Ergibt die Feststellung der Umdrehungszahl, daß diese zu hoch ist, so tritt gleichfalls Feuer auf. Es muß dann die vorgeschriebene Umdrehungszahl eingehalten werden.

Wenn einige Ankerwindungen nach kurzer Zeit heiß werden, so ist dies ein Zeichen dafür, daß in den betreffenden Spulen Kurzschluß besteht. Der Anker muß in Reparatur gegeben werden.

Mehrpolige Maschinen mit Parallelwicklung[1]) funken stark, wenn der Anker schlecht zentriert ist. Der Luftspalt wird hierdurch verschieden groß, es entstehen im Innern Ausgleichsströme, da die Spulenströme verschieden groß sind. Der Anker muß so gelagert werden, daß der Luftspalt überall gleich groß ist. Wird eine Spule bei mehrpoligen Maschinen sehr überhitzt oder bleibt sie vollkommen kühl, während gleichzeitig einige Ankerspulen sehr warm oder heiß werden, so ist in dem Magneten Kurzschluß, oder die Windungen sind überbrückt. Das Magnetfeld wird jetzt ungleich, die Kraftlinien sind ver-

---

[1]) Spennrath-Kirstein, 2. Teil, S. 32 u. f.

schieden groß. Die Folge davon ist, daß in dem Anker Ausgleichsströme entstehen, welche zu einer Erhitzung desselben führen. Die schadhaften Magnetspulen müssen neu gewickelt werden.

Schlecht eingeschliffene Bürsten, ungeeignetes Bürstenmaterial geben gleichfalls zum Feuern Veranlassung, ebenso falsche Stellung der Bürsten[1]).

Wird im Betriebe der Anker heiß, so muß geprüft werden, ob die Maschine mit der vorgeschriebenen Umdrehungszahl läuft, wenn die Spannung normal ist. Ist dies der Fall, so haben wir im Anker große Verluste durch Hysteresis und Wirbelströme. Die Maschine muß dann mit der vorgeschriebenen Tourenzahl betrieben werden.

Ebenso können zu scharf aufliegende Bürsten Schuld an der Ankerüberhitzung sein, ferner zu hartes Material der Bürsten. In diesem Falle muß der Bürstendruck verringert werden, oder es muß geeignetes Material beschafft werden.

Läuft die Maschine zu langsam, und die Magnete werden unzulässig warm, so ist der Nebenschlußstrom zu groß. Die Maschine muß dann mit der Stromstärke und Spannung betrieben werden, für welche sie gebaut ist.

Ist die Spannung bei normaler Umdrehungszahl zu hoch, so treten dieselben Erscheinungen auf, die Maschine muß mit der vorgeschriebenen Stromstärke und Spannung betrieben werden.

Wenn die Magnetspulen heiß werden, kann dies auch daher kommen, daß eine oder mehrere Spulen Kurzschluß haben. Die kurzgeschlossenen Spulen bleiben, da sie keinen Strom erhalten, kühl, während die anderen übermäßig heiß werden. Der Nebenschlußstrom wächst an, da der Widerstand der Magnete geringer geworden ist. Bei kleinen Fehlern kann die Reparatur an Ort und Stelle erledigt werden, indem die Schlußstellen voneinander wieder

---

[1]) Spennrath-Kirstein, 2. Teil, S. 40.

gut isoliert werden. Ist der Fehler umfangreicher, so muß die Spule neu gewickelt werden.

Gelegentlich kommt es vor, daß eine Dynamo beim Anlassen keine Spannung hat. Der Magnetismus ist dann verloren, entweder durch einen Kurzschluß, oder dadurch, daß der remanente Magnetismus verschwunden ist. Die Dynamo muß fremd erregt werden, hierbei muß jedoch darauf geachtet werden, daß die Stromrichtung dieselbe wie früher wird. Wenn Dynamomaschinen umgestellt werden, kommt es häufiger vor, daß ihre Drehrichtung der früheren entgegengesetzt wird, ohne daß dies bei der Aufstellung berücksichtigt wird. Wird die Dynamo jetzt angelassen, so erregt sie sich nicht. Um eine Erregung zu erhalten, müssen die Drähte des Nebenschlusses umgeklemmt werden.

Gibt eine Maschine auch bei Fremderregung keine Spannung, so ist entweder im Nebenschlußregulator eine Unterbrechung oder im Magnetfeld. Die Unterbrechungsstellen müssen repariert werden.

Gibt die Maschine bei Fremderregung zu niedrige Spannung, wobei der Anker heiß und viel Kraft verbraucht wird, so sind einige Ankerspulen kurz geschlossen. Der Anker muß neu gewickelt werden.

Wenn der Motor leer nicht anläuft, so haben wir im Magneten oder im Anker eine Unterbrechung. Es muß dann mit einem Galvanoskop eine Durchprüfung aller Spulen vorgenommen werden. Es können aber auch die Sicherungen durchgebrannt sein, welche dann zu ersetzen sind.

Wenn bei Drehstromdynamos die Magnetspulen keine Spannung erhalten, während die Erregerdynamo Spannung hat, so ist eine Unterbrechung in der Verbindungsleitung oder in dem Regulierwiderstand vorhanden. Sonstige Fehler in der Erregerdynamo werden genau so behandelt, wie es oben besprochen ist.

Gibt die Dynamo ein starkes Geräusch von sich, wobei gleichzeitig sich die Ankerspulen erhitzen, so sind Unterbrechungsstellen in dem Anker vorhanden.

Bei Drehstrommotoren können die Ständerwicklungen verschieden heiß werden. Dies ist ein Zeichen dafür, daß in einer oder mehreren Phasen Kurzschluß vorhanden ist. Erhitzen sich Kurzschlußmotoren stark, so müssen die Stäbe nachgesehen werden, da sich dann einige gelockert haben werden.

In Schleifringmotoren ist gleichfalls Kurzschluß, wenn der Motor zwar brummt, aber nicht anläuft.

Brummt der Motor beim Einschalten nicht, so sind die Sicherungen zerstört, oder es ist eine Unterbrechung in der Zuleitung vorhanden.

Wird ein Motor im Betriebe plötzlich auffallend in einigen Spulen warm oder heiß, so muß der Motor sofort abgestellt werden. Meist ist im Betriebe eine Sicherung durchgebrannt.

Wenn im Betriebe mit Überlegung und Ruhe vorgegangen wird, werden die Fehler meist in kurzer Zeit gefunden. Hast und Systemlosigkeit bringt Zeitverlust. Kleine Fehler können sofort abgestellt werden, größere Fehler sollen zu einer sofortigen Außerbetriebsetzung Veranlassung geben, damit der Schaden nicht noch größer wird.

Beim Aufsuchen der Fehler fange man bei den Sicherungen an und schreite allmählich zur Maschine fort.

Fundamente.

Von größter Wichtigkeit ist bei dem Aufstellen von Dynamos und Motoren die Herstellung der Fundamente. Sie sollen, um die Fortpflanzung von Erschütterungen auf das Gebäude zu vermeiden, so gebaut werden, daß sie in keinem Zusammenhang mit den Gebäudemauern stehen. Ferner müssen sie so stark sein, daß die aufgestellte Maschine unbedingt ruhig läuft. Zur Herstellung werden hartgebrannte Ziegelsteine benutzt, welche mit aus 1 Teil Zement und 3 Teilen reinem Sand bestehenden Zementmörtel gemauert werden. Der Sand darf keinen Lehm enthalten, da der Mörtel sonst treibt. Das Fundament soll wenigstens 20 cm über den Fußboden hervorragen, damit die Maschine vor Verschmutzungen sicher ist. Die Löcher für die Befestigungsbolzen werden gleich beim Mauern ausgespart.

An Stelle eines Fundamentes aus Ziegelsteinen kann auch ein solches aus Stampfbeton hergestellt werden. Hierzu wird eine Mischung von 1 Teil Zement, 3—4 Teilen reinem Sand und 3 Teilen gewaschenen Ziegelsteinbrocken hergestellt, welche in eine hergerichtete Lehre eingestampft wird. Wird dieser Beton nicht fest genug gestampft, so wird er nicht dicht genug.

Die Bolzen werden nach dem Aufstellen der Maschine mit Zementmörtel vergossen, welcher aus 1 Teil Zement und 1—2 Teilen Sand hergestellt wird.

Betonfundamente gebrauchen 8—14 Tage zum Erhärten der Masse. In der Zwischenzeit muß das Fundament naß gehalten werden, da sonst der Zement nicht genügend erhärtet.

Übertragungsvorrichtungen.

Zur Übertragung der Arbeit von den Motoren auf die Arbeitsmaschinen dienen Kupplungen, Transmissionen mit Riemen oder Seilen, Zahnradantriebe und andere Vorrichtungen, Von diesen sollen die hauptsächlich in Frage kommenden, die Kupplungen, Transmissionen und Zahnradantriebe besprochen werden.

Kupplungen werden zum unmittelbaren Antrieb einer Maschine od. dgl. benutzt. In Verbindung mit Motoren werden elastische Kupplungen gebraucht. Der Motor erhält einen Wellenstumpf, auf welchen die eine Hälfte der Kupplung aufgesetzt wird, während die andere Hälfte auf den Wellenstumpf der Pumpe od. dgl. befestigt wird. Die beiden Hälften werden durch einen elastischen Riemen verbunden.

Meistens werden Maschinen mittels Transmissionen angetrieben, vornehmlich dann, wenn es sich darum handelt, von einem Motor mehrere Maschinen anzutreiben.

Als Übertragungsmittel von dem Motor auf die Transmission und von dieser auf die Arbeitsmaschinen dienen Riemen, welche aus Leder, Kamelhaar oder Baumwollen hergestellt werden. Die besten Riemen sind die aus Kernleder von Ochsenhäuten.

Lederriemen werden als einfache in einer Stärke von 4—8 und als Doppelriemen in einer Stärke von 8—16 mm hergestellt.

Es bezeichne:

b die Breite des Riemens in cm,

s die Stärke des Riemens in cm,

f = bs den Querschnitt des Riemens in qcm,

P die zu übertragende Kraft in kg,

c einen Koeffizienten in kg/qcm, welcher nach Bach gleich 10—12,5 zu setzen ist,

so ist die zu übertragende Kraft P = 10—12,5 bs für einfache offene Riemen.

Es bezeichne weiter:

D den Durchmesser der antreibenden Scheibe in m

d „ „ „ „ angetriebenen Scheibe in m

n_1 die Tourenzahl der antreibenden Scheibe in 1 sec.

n_2 „ „ „ „ angetriebenen Scheibe in 1 sec.

v die Riemen-Geschwindigkeit in m sec,

So ist

$$v = \frac{n \cdot D \cdot \pi}{60} = \frac{n \cdot D}{19{,}1}$$

$$\frac{D}{d} = \frac{n_2}{n_1 \cdot 1{,}03},$$

wobei für den Riemenrutsch 3 % angenommen sind.

Bezeichnet N die zu übertragende Leistung in PS, p die für 1 cm Riemenbreite zu übertragende Kraft in kg, so ist

$$N = \frac{p\,b\,v}{75}, \qquad b = \frac{75\,N}{p v}, \qquad p = \frac{75\,N}{b\,v},$$

Nach Gehrckens sind für p zweckmäßig folgende Werte zu setzen, wobei die Werte in der ersten Spalte für einfache, die in der zweiten Spalte für Doppelriemen gelten:

Werte für p in kg/qcm

Durchm. d. kleinen Riemen-Scheibe in cm	v in m/sec.																	
	3		5		10		15		20		25		30		40		50	
10	2	—	2,5	—	3	—	3	—	3,5	—	3,5	—	3,5	—	3,5	—	3,5	—
20	3	—	4	—	5	—	5,5	—	6	—	6,5	—	6,5	—	6,5	—	6,5	—
30	4	5	5	6	6	7	7	8	7,5	9	8	10	8,5	10	9	10	9	10
40	5	6,5	6	8	7	9	8	10	9	11	9,5	11,5	10	12	10,5	12,5	11	12,5
50	6	8	7	9,5	8	11	9	12	10	13	10,5	13	11	13,5	11,5	14	12	14
60	7	9,5	8	11	9	12	10	13	11	15	12	15	12,5	16	13	16,5	13.5	17
75	8	11	9	12,5	10	14	11	15,5	12	17,5	12,5	17,5	13	18,5	13,5	19,5	14	20
100	9	13	10	15	11	17	12	19	13	21	13,5	21	14	22	14,5	23	15	24
150	10	15	11	17	12	19	13	21	13,5	25	14	25	14,5	26	15	27	15,5	28
200	11	17	12	19	13	21	13,5	23	14	27	14,5	27	15	28	15,5	29	16	30

Werte der Umfangskraft in m/kg

PS	v in m/sec																	
	3	4	5	6	7	8	9	10	11	12	13	14	15	16	17	18	20	30
1	25,0	18,8	15,0	12,5	10,7	9,4	8,3	7,5	6,8	6,1	5,8	5,4	5,0	4,7	4,4	4,1	3,8	2,5
2	50,0	37,6	30,0	25,0	21,4	18,8	16,6	15,0	13,6	12,2	11,6	10,8	10,0	9,4	8,8	8,2	7,6	5,0
3	75,0	56,4	45,0	37,5	32,1	28,2	24,9	22,5	20,4	18,3	17,4	16,2	15,0	14,1	13,2	12,3	11,4	7,5
4	100,0	75,2	60,0	50,0	42,8	37,6	33,2	30,0	27,2	24,4	23,2	21,6	20,0	18,8	17,6	16,4	15,2	10,0
5	125,0	94,0	75,0	62,5	53,5	47,0	41,5	37,5	34,0	30,5	29,0	27,0	25,0	23,5	22,0	20,5	19,0	12,5
6	150,0	112,8	90,0	75,0	64,2	56,4	49,8	45,0	40,8	36,6	34,8	32,4	30,0	28,2	26,4	24,6	22,8	15,0
7	175,0	131,6	105,0	87,5	74,9	65,8	58,1	62,5	47,6	42,7	40,8	37,8	35,0	32,9	30,8	28,7	26,6	17,5
8	200,0	150,4	120,0	100,0	85,6	75,2	66,4	60,0	54,4	48,8	46,4	43,2	40,0	37,6	35,2	32,8	30,4	20,0
9	225,0	169,2	135,0	112,5	96,3	84,6	74,7	67,5	61,2	54,9	52,2	48,6	45,0	42,3	39,6	36,9	34,2	22,5
10	250	188	150	125	107	94	83	75	68	61	58	54	50	47	44	41	38	25
11	275	207	165	137	118	103	91	83	75	77	64	59	55	52	48	45	42	28
12	300	226	180	150	128	113	100	90	82	73	70	65	60	56	53	49	46	30
13	325	244	195	170	139	122	105	98	88	78	75	70	65	61	57	53	49	33
14	350	263	210	175	150	132	116	105	95	85	81	75	70	66	62	57	53	35
15	375	282	225	188	161	141	125	113	102	91	87	81	75	71	66	62	57	38
16	400	300	240	200	172	150	132	120	108	98	92	86	80	76	70	69	60	40
17	425	319	255	213	183	159	141	128	115	104	98	91	85	81	74	73	64	43
18	450	338	270	226	194	168	149	136	122	110	104	96	90	86	78	77	68	46
19	475	357	285	239	205	177	157	144	129	116	110	101	95	91	82	81	72	47
20	500	376	300	250	214	188	166	150	136	122	116	108	100	94	88	82	76	50
25	625	470	375	313	268	235	208	188	170	153	145	135	125	118	110	103	95	63
30	750	564	450	375	321	282	249	225	204	183	174	162	150	141	132	123	114	75
40	1000	752	600	500	428	376	332	300	272	244	232	216	200	188	176	164	152	100
50	1250	940	750	625	535	470	415	375	340	305	290	270	250	235	220	205	190	125
100	2500	1880	1500	1250	1070	940	830	750	680	610	580	540	500	470	440	410	380	250

Für verschiedene PS und v sind in der vorstehenden Tabelle die Werte für die Umfangskraft angegeben.

Riemen für Dynamos und Motoren sollen zweckmäßig nicht mit Krallen oder anderen aus Eisen bestehenden Vorrichtungen verbunden werden. Sie sollen vielmehr verleimt oder genäht werden. Der Riemenleim wird auf die abgeschärften Enden, welche rauh gemacht werden, aufgetragen, nachdem die Enden vorher etwas erwärmt sind. Um einen guten Lauf der Riemen zu erzielen, müssen die Abschrägungen der Riemenenden so ausgeführt werden, daß die aufeinandergelegten Stücke nicht stärker sind als der einfache Riemen.

Nach dem Leimen muß der Riemen an der Leimstelle gepreßt werden, bis er trocken ist.

Die Verbindung mit Nähriemen findet in der Weise statt, daß die abgeschärften Enden mit der doppelten Riemenbreite übereinander belegt werden. Mit einer Ahle werden dann durch die Verbindungsstellen Löcher gebohrt, durch welche die Nähriemen gezogen werden. Auf der Laufseite des Riemens dürfen keine Knoten sein. Die Nähriemen müssen stramm angezogen werden, so daß sie möglichst wenig hervortreten. Gut ist es, wenn auf der Laufseite schmale Rinnen gezogen werden, in welche die Nähriemen hineingedrückt werden. Die mit der Ahle zu stechenden Löcher müssen dann in diesen Rinnen angebracht werden.

Für die Anordnung ist zu beachten, daß der Antrieb am günstigsten ist, wenn das untere Riementrum zieht. Ebenso ist es vorteilhaft, wenn die Achsen möglichst in einer Ebene liegen.

Die Riemenscheiben bestehen aus Gußeisen oder Holz. Die Oberfläche der treibenden Scheibe soll zylindrisch, die der angetriebenen leicht ballig sein.

Die Wellen bestehen aus Schmiedeeisen oder Stahl, sie müssen in Lagern ruhen, welche als Kugellager, Ringschmierlager oder dgl. ausgestaltet sind.

Um die Möglichkeit zu haben, später noch Riemenscheiben auf die Wellen aufsetzen zu können, was vornehmlich in Fabriken in Frage kommen kann, sollen die mittleren Lagerentfernungen nicht zu groß gewählt werden. Bezeichnet d den Durchmesser der Welle und l den mittleren Abstand, so ergibt sich folgende Tabelle:

d =	3	4	5	6	7	8	9	10	11	12	13,5	15 cm
l =	180	190	200	210	220	230	240	250	260	270	285	300 cm

Die Zahlen müssen von Fall zu Fall nachgeprüft werden unter Berücksichtigung der örtlichen Lage, der Art des Betriebes usw.

Die Wellen müssen unbedingt vollkommen parallel gelagert werden, um einen sicheren Betrieb zu erzielen. Laufen die Wellen nicht ganz parallel, so besteht die Gefahr, daß der Riemen herunterfällt.

Die Entfernung der Wellen voneinander soll bei Riemen bis 10 cm Breite 3 bis höchstens 5 m, bei Riemen über 10 cm Breite 4—10 m betragen, eine Entfernung über 16 m soll niemals auftreten.

Das Übersetzungsverhältnis soll möglichst nicht über 1 : 5 gewählt werden.

In der nachstehenden Tabelle sind die Durchmesser von Wellen angegeben für verschiedene Umdrehungszahlen und Leistungen, aus ihnen kann jederzeit für eine bestimmte Leistung und Umdrehungszahl der Wellendurchmesser entnommen werden.

In vielen Betrieben werden mit Vorteil Zahnräder benutzt, vornehmlich da, wo es sich um Übersetzungen in das Langsame handelt, wie bei Kranen, Webereimaschinen u. dgl. Die kleinen Zahnräder werden aus Rohhaut hergestellt, wodurch ein ruhiger Gang erzielt wird. Es sollen niemals zwei Rohhauträder benutzt werden, das größere soll vielmehr aus Metall bestehen.

Die Rohhauträder müssen vor Feuchtigkeit geschützt werden, da sonst ihre Haltbarkeit herabgesetzt wird.

Durchmesser der Welle in mm

PS	kW	bei Umdrehungen in der Minute																				
		40	50	60	70	80	90	100	110	120	140	150	175	200	225	250	275	300	350	400	450	500
1	0,74	50	50	45	45	45	40	40	40	40	35	35	35	35	35	35	30	30	30	30	30	30
2	1,47	60	55	50	50	50	50	45	45	45	45	40	40	40	40	40	35	35	35	35	35	30
3	2,21	65	60	55	55	55	55	50	50	50	50	45	45	45	45	40	40	40	40	40	35	35
4	2,94	70	65	60	60	60	55	55	50	50	50	50	50	45	45	45	45	45	40	40	40	35
5	3,68	75	70	65	65	60	60	60	55	55	50	50	50	50	45	45	45	45	45	45	40	40
6	4,42	75	75	70	65	65	65	60	60	60	55	55	55	50	50	50	50	50	45	45	40	40
7	5,15	80	75	70	70	70	65	65	60	60	60	60	55	55	55	50	50	50	50	45	45	40
8	5,89	85	80	75	70	70	70	65	65	65	60	60	60	55	55	55	50	50	50	50	45	45
9	6,62	85	80	75	75	70	70	70	70	65	60	60	60	60	55	55	55	50	50	50	45	45
10	7,36	90	85	80	75	75	70	70	70	65	65	65	60	60	55	55	55	55	50	50	45	45
11	8,10	90	85	80	80	75	75	70	70	65	65	65	65	60	60	55	55	55	55	50	50	45
12	8,84	90	85	85	80	75	75	75	70	70	65	65	65	60	60	60	55	55	55	50	50	50
13	9,58	95	90	85	80	80	75	75	75	70	70	70	65	65	60	60	60	55	55	55	50	50
14	10,32	95	90	85	85	80	80	75	75	70	70	70	65	65	60	60	60	60	55	55	50	50
15	11,06	95	90	85	85	80	80	75	75	75	70	70	70	65	65	60	60	60	55	55	50	50
16	11,80	100	95	90	85	85	80	80	75	75	70	70	70	65	65	65	60	60	60	55	55	50
17	12,54	100	95	90	85	85	80	80	80	75	75	70	70	65	65	65	60	60	60	55	55	55
18	13,28	100	95	90	90	85	85	80	80	75	75	75	70	70	65	65	65	60	60	60	55	55
19	14,02	105	95	90	90	85	85	80	80	80	75	75	70	70	65	65	65	65	60	60	55	55
20	14,76	105	100	95	90	85	85	85	80	80	75	75	75	70	70	65	65	65	60	60	55	55
25	18,44	110	105	100	95	90	90	85	85	85	80	80	75	75	70	70	70	65	65	60	60	60
30	22,12	115	110	105	100	95	95	90	85	85	85	85	80	75	75	75	70	70	65	65	60	60
35	25,80	120	115	105	105	100	95	95	90	90	85	85	85	80	80	75	75	75	70	70	65	65
40	29,48	125	120	110	105	105	100	100	100	95	90	90	85	85	80	80	75	75	70	70	65	65
45	33,16	130	120	115	110	105	105	100	100	95	90	90	85	85	85	80	80	75	75	70	70	65
50	36,88	135	125	115	110	110	105	105	105	100	95	95	90	85	85	85	80	80	75	75	70	70
55	40,56	135	125	120	115	110	110	105	105	100	100	100	95	90	85	85	80	80	75	75	75	70
60	44,24	140	130	120	120	115	110	110	110	100	100	100	95	90	90	85	85	85	80	75	75	70
65	47,92	145	135	125	120	120	115	110	110	105	100	100	95	90	90	90	85	85	80	80	75	75
70	51,60	145	135	125	120	120	115	110	110	105	105	100	95	90	90	90	90	85	85	80	75	75
75	55,28	150	140	130	125	120	120	115	115	110	105	105	100	95	90	90	90	90	85	80	80	75
80	58,88	150	140	130	125	120	120	115	115	110	105	105	100	100	95	95	90	90	85	85	80	75
90	66,24	155	145	135	130	125	120	120	120	115	110	110	105	100	100	95	95	90	90	85	80	80
100	73,60	160	150	140	135	130	125	125	125	115	115	110	110	105	100	100	95	95	90	85	85	80

Bewegliche Motoren.

In der Landwirtschaft nimmt die Verwendung von Motoren immer mehr zu. Von kleinen Kraftleistungen an für den Betrieb von Windfegen bis zu großen für Dreschmaschinen wird Strom gebraucht, wobei allerdings die Benutzungsdauer der Maschinen in der Landwirtschaft eine verhältnismäßig kurze ist. Es ist daher ratsam, nicht ortsfeste Motoren, sondern bewegliche zu verwenden, welche nacheinander an verschiedenen Stellen arbeiten können.

Je nach der Größe der Wirtschaft genügen 2—3 Motoren, welche in der Größe verschieden gewählt werden.

Für Motoren bis 2 PS erfolgt der Aufbau zweckmäßig auf einer Motortrage, auf welcher Anlasser und Sicherungen mitmontiert werden. Die Trage wird entweder aus Eisenrohren oder aus Holz hergestellt. Gegen Verstauben des Motors erhält sie eine Schutzhaube, welche einen Ausschnitt für die Riemenscheibe erhält.

Die Motoren arbeiten entweder ohne Zahnradvorgelege oder mit einem solchen im Verhältnis 1 : 6.

Der Anlasser wird jetzt meist als Walzenanlasser angebaut. Für das Anschlußkabel ist ein Kabelsattel vorhanden, auf welchen das Kabel aufgewickelt wird.

Für größere Motoren bis 10 PS werden Schleifen gebaut, wie sie in der Landwirtschaft überall benutzt werden. Die Schleife besteht aus zwei hölzernen Kufen, welche unten mit Eisen beschlagen werden. Querhölzer geben der Schleife die nötige Festigkeit. Zum Feststellen der Schleife am Arbeitsplatz dienen eiserne Stangen, welche vor der Schleife eingeschlagen werden.

Zum Transport dient eine Kette, an welche das Vieh zum Ziehen angeschirrt wird.

Der Motor wird gegen Verstauben durch eine Schutzvorrichtung geschützt.

Für große Motoren kommen Motorkarren oder Motorwagen in Frage. Sie sind entweder als Karre zweiräderig oder als Wagen vierräderig. An den Seiten ist der Karren oder Wagen verschlossen, um ein Verstauben zu verhüten.

Es empfiehlt sich, die Verbindungskabel so kurz wie möglich zu wählen. Erfahrungsgemäß werden sie nicht so sorgfältig behandelt, wie es nötig ist. Je länger das Kabel ist, um so schwieriger ist die Unterhaltung. Längen von 10—15 m sollten daher nur in ganz besonderen Fällen überschritten werden.

Antrieb von Pumpen.

Die Verwendung von Motoren zum Antrieb von Pumpen wächst immer mehr. Oft findet man in Brennereien Kolbenpumpen, welche während der Kampagne von der Dampfmaschine, während der übrigen Zeit aber durch einen Motor angetrieben werden sollen.

Der Kraftbedarf einer derartigen Pumpe in PS ist

$$N = \frac{1000\ Q \cdot H\gamma}{75\,\eta},$$

worin N den Kraftbetrieb, Q die Wasserlieferung in cbm/sec, H die Summe von Saug-, Druck- und Widerstandshöhe in Meter, γ das spezifische Gewicht der Flüssigkeit, η den Wirkungsgrad bezeichnet.

Der Wirkungsgrad kann bei guten Pumpen mit P = 0,9—0,93 bei schlechten mit 0,8—0,85 eingesetzt werden.

Zentrifugalpumpen sind schnellaufende Pumpen, welche mit Motoren unmittelbar gekuppelt sind. Bei den Zentrifugalpumpen ist die Saughöhe auf 5—8 m beschränkt, die Druckhöhe geht bis 40 m.

Beim Inbetriebsetzen muß die Pumpe mit Wasser gefüllt werden. Die Saugleitung muß vollkommen luftdicht sein. Um Verstopfungen zu verhüten, muß das Ventil sehr gut sein.

In der nachstehenden Tabelle ist der Kraftbedarf von Pumpen angegeben für 10 m Förderhöhe, und zwar für Kolbenpumpen mit einem Wirkungsgrad von 0,8 und 0,9 und für Zentrifugalpumpen mit einem Wirkungsgrad von 0,3, 0,4, 0,5 und 0,6.

Q in cbm in 1 Min.	Kraftbedarf in PS bei einem Wirkungsgrad von					
	0,9	0,8	0,6	0,5	0,4	0,3
1	2,44	2,75	3,67	4,40	5,50	7,33
2	4,89	5,50	7,33	8,80	11,00	14,66
3	7,41	8,33	11,11	13,34	16,68	22,23
4	9,89	11,13	14,83	17,80	22,25	29,67
5	12,33	13,88	18,50	22,20	27,75	37,00
6	14,81	16,66	22,22	26,66	33,33	44,43
7	17,29	19,45	25,93	31,12	38,90	51,87
8	19,76	22,23	29,63	35,56	44,45	59,27
9	22,22	25,00	33,33	40,00	50,00	66,67
10	24,40	27,50	36,70	44,00	55,00	73,33

Aus dieser Tabelle können sofort alle Ablesungen, auch für größere Fördermengen, gemacht werden.

Durchmesser des Rohres in mm	Geschwindigkeit des Wassers v in m/sec.								
	0,05	0,10	0,15	0,20	0,25	0,30	0,40	0,50	0,60
20	0,0157	0,0314	0,0471	0,0628	0,0785	0,0943	0,1257	0,1571	0,1885
30	0,0353	0,0707	0,1060	0,1414	0,1767	0,2121	0,2817	0,3534	0,4241
40	0,0628	0,1257	0,1885	0,2513	0,3142	0,3770	0,5027	0,6283	0,7540
45	0,0795	0,1590	0,2386	0,3181	0,3976	0,4771	0,6362	0,7952	0,9543
50	0,0982	0,1964	0,2945	0,3927	0,4909	0,5891	0,7854	0,9818	1,1781
55	0,1188	0,2376	0,3564	0,4752	0,5940	0,7128	0,9503	1,1879	1,4255
60	0,1414	0,2827	0,4241	0,5655	0,7069	0,8482	1,1310	1,4137	1,6965
65	0,1659	0,3381	0,4978	0,6637	0,8296	0,9955	1,3273	1,6592	1,9910
70	0,1924	0,3849	0,5773	0,7697	0,9621	1,1545	1,5394	1,9242	2,3091
75	0,2209	0,4418	0 6627	0,8836	1,1045	1,3254	1,7672	2,2089	2,6507
80	0,2513	0,5027	0,7540	1,0053	1,2566	1,5080	2,0106	2,5133	3,0159
85	0,28373	0,5675	0,8512	1,1349	1,4186	1,7024	2,2698	2,8373	3,4047
90	0,31809	0,6362	0,9543	1,2723	1,5904	1,9085	2,5447	3,1809	3,8170
95	0,35441	0,7088	1,0632	1,4176	1,7721	2,1265	2,8353	3,5441	4,2529
100	0,39270	0,7854	1,1781	1,5708	1,9635	2,3562	3,1416	3,9270	4,7124

Durchmesser des Rohres in mm	Geschwindigkeit des Wassers v in m/sec.							
	0,70	0,80	0,90	1,00	1,25	1,50	1,75	2,00
20	0,2199	0,2513	0,2827	0,3142	0,3927	0,4712	0,5498	0,6283
30	0,4948	0,5655	0,6362	0,7069	0,8836	1,0603	1,2370	1,4137
40	0,8796	1,0053	1,1310	1,2566	1,5708	1,8850	2,1991	2,5133
45	1,1133	1,2723	1,4314	1,5904	1,9880	2,3857	2,7833	3,1809
50	1,3745	1,5708	1,7672	1,9635	2,4544	2,9453	3,4361	3,9270
55	1,6631	1,9007	2,1382	2,3758	2,9698	3,5637	4,1577	4,7517
60	1,9792	2,2619	2,5447	2,8274	3,5343	4,2411	4,9480	5,6549
65	2,3228	2,6546	2,9865	3,3183	4,1479	4,9775	5,8070	6,6366
70	2,6939	3,0788	3,4636	3,8485	4,8106	5,7727	6.7348	7,6969
75	3,0925	3,5343	3,9761	4,4179	5,5223	6,6268	7,7313	8,8358
80	3,5186	4,0212	4,5239	5,0266	6,2832	7,5398	8,7965	10,0530
85	3,9722	4,5396	5,1071	5,6745	7,0931	8,5118	9,9304	11,3490
90	4,4532	5,0894	5,7256	6,3617	7,9522	9,5426	11,1330	12,7230
95	4,9618	5,6706	6,3794	7,0882	8,8603	10,632	12,4040	14,1760
100	5,4978	6,2832	7,0686	7,8540	9,8175	11,781	13,7440	15,7080

Durchmesser des Rohres in mm	Geschwindigkeit des Wassers v in m/sec.								
	0,05	0,10	0,15	0,20	0,25	0,30	0,40	0,50	0,60
125	0,614	1,227	1,841	2,454	3,068	3,682	4,909	6,136	7,363
150	0,884	1,767	2,651	3,534	4,418	5,301	7,069	8,836	10,603
200	1,571	3,142	4,712	6,283	7,854	9,425	12,566	15,708	18,850
250	2,454	4,909	7,363	9,818	12,272	14,726	19,635	24,544	29,452
300	3,534	7,069	10,603	14,137	17,671	21,206	28,274	35,343	42,411
350	4,811	9,621	14,432	19,242	24,053	28,863	38,485	48,106	57,727
400	6,283	12,566	18,850	25,133	31,416	37,699	50,266	62,832	75,398
450	7,952	15,904	23,856	31,809	39,761	47,713	63,617	79,522	95,426
500	9,818	19,635	29,453	39,270	49,088	58,905	78,540	98,175	117,81
550	11,879	23,758	35,637	47,517	59,396	71,275	95,033	118,79	142,55
600	14,137	28,274	42,411	56,549	70,686	84,823	113,10	141,37	169,65
650	16,592	33,183	49,775	66,366	82,958	99,549	132,73	165,92	199,10
700	19,242	38,485	57,727	76,969	96,211	115,45	153,94	192,42	230,91
750	22,089	44,179	66,268	88,357	110,45	132,54	176,72	220,89	265,07
800	25,133	50,266	75,398	100,53	125,66	150,80	201,06	251,33	301,59
850	28,373	56,745	85,118	113,49	141,86	170,24	226,98	283,73	340,47
900	31,809	63,617	95,426	127,23	159,04	190,85	254,47	318,09	381,70
950	35,441	70,882	106,32	141,76	177,21	212,65	283,53	354,41	425,29
1000	39,270	78,540	117,81	157,08	196,35	235,62	314,16	392,70	471,24

Durchmesser des Rohres in mm	Geschwindigkeit des Wassers v in m/sec.							
	0,70	0,80	0,90	1,00	1,25	1,50	1,75	2,00
125	8,590	9,817	11,045	12,272	15,340	18,408	21,476	24,544
150	12,370	14,137	15,904	17,672	22,089	26,507	30,925	35,343
200	21,991	25,133	28,274	31,416	39,270	47,124	54,978	62,832
250	34,361	39,270	44,179	49,087	61,359	73,631	85,903	98,175
300	49,480	56,549	63,617	70,686	88,357	106,03	123,70	141,37
350	67,348	76,969	86,590	96,211	120,26	144,32	168,37	192,42
400	87,965	100,53	113,10	125,66	157,08	188,50	219,91	251,33
450	111,33	127,23	143,14	159,04	198,80	238,57	278,33	318,09
500	137,45	157,08	176,72	196,35	245,44	294,53	343,61	392,70
550	166,31	190,07	213,82	237,58	296,98	356,37	415,77	475,17
600	197,92	226,19	254,47	282,74	353,43	424,11	494,80	565,49
650	232,28	265,46	298,65	331,83	414,79	497,75	580,70	663,66
700	269,39	307,88	346,36	384,85	481,06	577,27	673,48	769,69
750	309,25	353,43	397,61	441,79	552,23	662,68	773,13	883,58
800	351,86	402,12	452,39	502,66	628,32	753,98	879,65	1005,3
850	397,22	453,96	510,71	567,45	709,31	851,18	993,04	1134,9
900	445,32	508,94	572,56	636,17	795,22	954,26	1113,3	1272,3
950	496,18	567,06	637,94	708,82	886,03	1063,2	1240,4	1417,6
1000	549,78	628,32	706,86	785,40	981,75	1178,1	1374,4	1570,8

In den vorstehenden Tabellen ist angegeben, wieviel Liter in einer Sekunde bei einer bestimmten Wassergeschwindigkeit fließen.

Wenn Wasser durch Rohre fließt, entsteht ein Reibungsverlust, welcher bei der Festlegung der Rohrquerschnitte zu berücksichtigen ist, da bei fehlerhafter Querschnittswahl leicht ein Versagen der Pumpeneinrichtung vorkommen kann.

Es ist

$$w = \lambda \frac{l\,v^2}{d\,2g},$$

worin w die Reibungshöhe, d. i. die durch Reibung verloren gehende Druckhöhe in m,

λ den Reibungskoeffizienten, (nach Lenz ist

$$\lambda = 0{,}02 + \frac{0{,}004}{\sqrt{v}}),$$

v die Durchflußgeschwindigkeit des Wassers in m/sec,

d die lichte Weite des kreisförmigen Rohres in m,

g die Beschleunigung = 9,81 m/sec^2

bedeuten.

In der folgenden Tabelle sind die Reibungshöhen in Meter für 100 m gerade Rohrleitung angegeben; wobei für λ ein Wert ist, von 0,03 gesetzt, mit Ausnahme für v = 2, wo λ = 0,025 ist.

Aus der Tabelle ist ersichtlich, daß mit zunehmender Geschwindigkeit des Wassers bei gleichbleibendem Rohrquerschnitt die Reibungshöhe zunimmt.

Für Versorgung von Häusern, Ställen usw. mit Wasser werden meist kleine Pumpenaggregate verwendet, von denen eine Elmo-Hauswasserpumpe von den SSW. geliefert wird.

Die Elmo-Kapselpumpen sind rotierende Pumpen mit hin und her gehenden Schiebern, sie sollen nur bei vollkommen reinem Wasser benutzt werden, während die EGG Elmo-Kreiselpumpen auch bei sandhaltigem Wasser gebraucht werden können.

Durchmesser d. Rohres in mm	Geschwindigkeit des Wassers in m/sec. 0,05	0,10	0,15	0,20	0,25	0,30	0,40	0,50	0,60
20	0,0191	0,0765	0,1721	0,3060	0,4781	0,6885	1,2240	1,9125	2,7540
30	0,0118	0,0510	0,1148	0,2040	0,3188	0,4590	0,8160	1,2750	1,8360
40	0,0096	0,0383	0,0861	0,1530	0,2391	0,3442	0,6120	0,9563	1,3770
45	0,0085	0,0340	0,0765	0,1360	0,2125	0,3000	0,5440	0,8500	1,2240
50	0,0078	0,0306	0,0689	0,1224	0,1913	0,2754	0,4896	0,7650	1,1016
55	0,0070	0,0263	0,0626	0,1113	0,1739	0,2504	0,4451	0,6955	1,0015
60	0,0064	0,0250	0,0574	0,1020	0,1594	0,2295	0,4080	0,6375	0,9180
65	0,0059	0,0235	0,0530	0,0942	0,1471	0,2118	0,3766	0,5885	0,8474
70	0,0055	0,0218	0,0492	0,0874	0,1366	0,1967	0,3497	0,5464	0,7869
75	0,0051	0,0204	0,0459	0,0816	0,1275	0,1836	0,3264	0,5100	0,7344
80	0,0048	0,0191	0,0433	0,0765	0,1195	0,1721	0,3060	0,4781	0,6885
85	0,0045	0,0180	0,0405	0,0720	0,1125	0,1620	0,2880	0,4500	0,6480
90	0,0043	0,0170	0,0383	0,0680	0,1063	0,1530	0,2720	0,4250	0,6120
95	0,0040	0,0160	0,0362	0,0644	0,1007	0,1449	0,2577	0,4026	0,5798
100	0,0038	0,0153	0,0344	0,0612	0,0956	0,1377	0,2448	0,3825	0,5508
125	0,0031	0,0122	0,0275	0,0490	0,0765	0,1101	0,1958	0,3060	0,4406
150	0,0026	0 0102	0,0230	0,0408	0,0638	0,0918	0,1632	0,2550	0,3672
200	0,0019	0,0077	0,0172	0,0306	0,0478	0,0689	0,1224	0,1913	0,2754
250	0,0015	0,0061	0,0138	0,0245	0,0383	0,0551	0,0979	0,1530	0,2203
300	0,0013	0,0051	0,0115	0 0204	0,0319	0,0459	0,0816	0,1275	0,1836
350	0,0011	0,0044	0,0098	0,0174	0,0273	0,0393	0,0699	0,1093	0,1578
400	0,00096	0,0038	0,0086	0,0153	0,0239	0,0344	0,0612	0,0956	0,1377
450	0,00085	0,0034	0,0077	0,0136	0,0213	0,0306	0,0544	0,0850	0,1224
500	0,00077	0,0031	0,0069	0,0122	0,0191	0,0275	0,0490	0,0765	0,1102
550	0,00070	0,0028	0,0063	0,0111	0,0174	0,0250	0,0445	0,0695	0,1002
600	0,00064	0,0026	0,0057	0,0102	0,0159	0,0230	0,0408	0,0638	0,0912
650	0,00059	0,0024	0,0053	0,0094	0,0147	0,0212	0,0377	0,0588	0,0847
700	0,00055	0,0022	0,0049	0,0087	0,0137	0,0197	0,0350	0,0546	0,0787
750	0,00051	0,0020	0,0046	0,0082	0,0128	0,0184	0,0326	0,0510	0,0734
800	0,00048	0,0019	0 0043	0,0077	0,0120	0,0172	0,0306	0,0478	0,0689
850	0,00045	0,0018	0,0041	0,0072	0,0113	0,0162	0,0288	0,0450	0,0648
900	0,00043	0,0017	0,0038	0,0068	0,0106	0,0153	0,0272	0,0425	0,0612
950	0,00040	0,0016	0,0036	0,0064	0,0101	0,0145	0,0258	0,0403	0,0580
1000	0,00038	0,0015	0,0034	0,0061	0,0096	0,0138	0,0245	0,0383	0,0551

Durchmesser d. Rohres in mm	Geschwindigkeit des Wassers in m/sec. 0,70	0,80	0,90	1,00	1,25	1,50	1,75	2,00
20	3,7485	4,0896	6,1965	7,6500	11,9526	17,2125	23,4281	24,4840
30	2,4990	3,2640	4,1310	5,1000	7,9684	11,4750	15,6187	16,3221
40	1,8743	2,4480	3,0983	3,8250	5,9763	8,6063	11,7140	12,2420
45	1,6660	2,1760	2,7540	3,4000	5,3123	7,6500	10,4125	10,8817
50	1,4994	1,9584	2,4786	3,0600	4,7811	6,8850	9,3713	9,7936
55	1,3631	1,7804	2,2533	2,7818	4,3464	6,2591	8,5193	8,9032
60	1,2495	1,6320	2,0655	2,5500	3,9842	5,7375	7,8094	8,1613
65	1,1534	1,5064	1,9066	2,3538	3,6777	5,2962	7,2087	7,5335
70	1,0710	1,3989	1,7704	2,1857	3,4150	4,9179	6,6938	6,9954
75	0,9996	1,3056	1,6524	2,0400	3,1874	4,5900	6,2475	6,5291
80	0,9371	1,2240	1,5491	1,9125	2,9882	4,3031	5,8570	6,1210
85	0,8820	1,1520	1,4580	1,8000	2,8124	4,0500	5,5125	5,7609
90	0,8330	1,0880	1,3770	1,7000	2,6561	3,8250	5,2063	5,4409
95	0,7892	1,0307	1,3045	1,6105	2,5163	3,6237	4,9322	5,1545
100	0,7497	0,9792	1,2393	1,5300	2,3905	3,4425	4,6856	4,8968
125	0,5998	0,7834	0,9914	1,2240	1,9124	2,7536	3,7485	3,9174
150	0,4998	0,6528	0,8262	1,0200	1,5934	2,2950	3,1238	3,2645
200	0,3749	0,4090	0,6197	0,7650	1,1953	1,7213	2,3428	2,4484
250	0,2999	0,3917	0,4957	0,6120	0,9562	1,3770	1,8743	1,9587
300	0,2499	0,3264	0,4131	0,5100	0,7968	1,1475	1,5619	1,6322
350	0,2142	0,2798	0,3541	0,4371	0,6830	0,9836	1,3388	1,3991
400	0,1874	0,2448	0,3098	0,3825	0,5976	0,8606	1,1714	1,2242
450	0,1666	0,2176	0,2754	0,3400	0,5312	0,7650	1,0413	1,0882
500	0,1499	0,1958	0,2479	0,3060	0,4781	0,6885	0,9371	0,9794
550	0,1363	0,1780	0,2253	0,2782	0,4346	0,6259	0,8519	0,8903
600	0,1250	0,1632	0,2066	0,2550	0,3984	0,5738	0,7809	0,8161
650	0,1153	0,1506	0,1907	0,2354	0,3677	0,5296	0,7209	0,7534
700	0,1071	0,1399	0,1770	0,2186	0,3415	0,4918	0,6694	0,6995
750	0,1000	0,1306	0,1652	0,2040	0,3187	0,4590	0,6248	0,6529
800	0,0937	0,1224	0,1549	0,1913	0,2988	0,4303	0,5857	0,6121
850	0,0882	0,1152	0,1458	0,1800	0,2812	0,4050	0,5513	0,5761
900	0,0833	0,1088	0,1377	0,1700	0,2656	0,3825	0,5206	0,5441
950	0,0789	0,1031	0,1305	0,1611	0,2516	0,3624	0,4932	0,5155
1000	0,0750	0,0979	0,1239	0,1530	0,2391	0,3443	0,4686	0,4897

Das Wasser gelangt durch ein Saugrohr in die Pumpe, welche durch den Motor angetrieben wird. Der Motor erhält seinen Strom durch die Leitung, welche durch den Druckschalter ein- und ausgeschaltet wird. Das Wasser gelangt in die Druckleitung, in welche die Verbrauchsstellen eingeschaltet sind. Der Druckkessel dient zum Ein- und Ausschalten des Motors, sobald der Druck unter einen bestimmten Wert heruntergeht, schaltet der Automat den Motor ein, welcher dann die Pumpe in Umdrehungen versetzt.

Wird ein Druckkessel nicht gewünscht, ist dafür aber ein Reservoir vorhanden, welches das Wasser aufnehmen kann, so arbeitet die Pumpe unmittelbar in die Druckleitung hinein. Das Wasser wird in dem Reservoir aufgesammelt. In diesem Falle ist eine Bedienungsperson nötig, welche den Motor dann einschaltet, wenn der Wasserstand eine bestimmte Mindestgrenze erreicht hat.

Bei Hochbehältern wird die Pumpe oft selbsttätig durch von dem Wasserstand abhängige Schwimmer ein- und ausgeschaltet. Besondere Kontaktvorrichtungen müssen hierfür angelegt werden.

Bei kleinen Anlagen dienen hierzu Schaltertöpfe, welche über der höchst gelegenen Zapfstelle angeordnet werden. Das Wasser wird in den Topf gedrückt, an welchen die Rohrleitung angeschlossen wird. Der Topf hat ein Fassungsvermögen von 8 oder 16,5 l, in ihm ist ein Schwimmer eingebaut, welcher selbsttätig das Ein- und Ausschalten des Motors beim niedrigsten oder höchsten Wasserstande bewirkt.

Bei niedrigen Gebäuden ist die Verwendung von Schaltertöpfen nicht angebracht, es wird dann ein kleiner zylindrischer Kessel aufgestellt, welcher seinen Platz dicht neben der Pumpe erhalten kann. Ein Druckschalter schaltet mittels eines kleinen Druckkolbens den Motor selbsttätig ein und schaltet ihn wieder aus, sobald der Druck eine bestimmte Höhe erreicht hat.

Je nach Größe des Druckkessels ist die Wassermenge verschieden, welche zwischen einer Aus- und einer Einschaltung entnommen werden kann.

Die Fördermenge derartiger Pumpen schwankt zwischen 20 und 79 l in der Minute bei einem Kraftbedarf von 0,3—0,8 kW. Die Förderhöhe ist bis zu 40 m.

Selbstsaugende Pumpen saugen nach erster Füllung mit Wasser immer wieder an, selbst wenn das Saugrohr leer gelaufen ist. Sie bedürfen nur geringer Wartung und nutzen sich wenig ab.

Die Druckkessel werden für einen Druck von 6 Atm. geliefert. Der Druckunterschied bei den Druckschaltern beträgt zwischen Ein- und Ausschalten 0,8—1 Atm. innerhalb der Grenzen von 1—6 Atm.

Entlüftungsvorrichtungen.

Zum Ent- oder Belüften von Räumen aller Art werden Ventilatoren benutzt, welche mit Motoren unmittelbar gekuppelt sind. Ebenso werden Ventilatoren in Fabriken zum Absaugen von Staub, Spänen usw. gebraucht.

Bedeutet N den Kraftbedarf in PS,
Q die Luftmenge in cbm/sec,
h die Pressung in mm Wassersäule,
η den Wirkungsgrad, für Ventilatoren 0,3—0,5

so ist

$$N = \frac{Q \cdot h}{60 \cdot 75 \cdot \eta}$$

Vielfach werden die Ventilatoren in die Fenster eingesetzt, so daß die Luft unmittelbar aus dem Raum in das Freie gelangt. Um ein einwandfreies Arbeiten sicherzustellen, muß stets dafür gesorgt werden, daß beim Entlüften frische Luft in den Raum gelangen kann. Geschieht dies nicht, so entsteht ein luftverdünnter Raum, welcher den in dem Zimmer od. dgl. anwesenden Personen Unbequemlichkeiten verursacht, indem Ohrensausen und Blutandrang zum Kopfe entstehen kann. Ebenso muß bei Luftzuführung dafür gesorgt werden, daß in dem Raum nicht ein zu hoher Überdruck entstehen kann.

Ventilatoren sollen nur dann in Betrieb genommen werden, wenn die bewegte Luft frei abströmen kann. Es ist nicht zulässig, den Abzug etwa zu drosseln, da der Motor hierdurch überlastet wird. Soll die Luftmenge geregelt werden können, so muß der Motor einen Anlasser für verschiedene Geschwindigkeiten erhalten.

Hierher rechnen auch die Schmiedefeuergebläse, welche zum Betrieb von 1—10 Feuern hergestellt werden. Ihr Kraftbedarf ist ungefähr folgender

Zahl der Feuer bei einem Düsendurchmesser von		Anzuschließende Rohrleitg.		kW
30 mm	40 mm	Größte Länge in mm	Kleinster Durchmesser in mm	
1—2	1	10	80	0,15
3—4	2	15	100	0,24
5—7	3—4	20	125	0,50
8—10	5—6	25	150	0,75

Transformatoren.

Bei der stetigen Zunahme der Überlandleitungen ist der Transformator einer der wichtigsten Apparate für die Stromversorgung. Im Gegensatz zum Motor hat der Transformator keine sich drehenden Teile, er besteht vielmehr aus Eisenblechkernen, über welche die Hoch- und Niederspannungsspulen geschoben werden. Durch Induktion wird der in die primäre Spule eingeleitete Strom auf die zweite, die sekundäre, Spule übertragen. Der höher gespannte Strom hat „Oberspannung", der niedrigere „Unterspannung".

Übersetzung heißt das Verhältnis der Ober- und Unterspannung bei Leerlauf, bei zunehmender Belastung ändert sich die Übersetzung, da die Spannung abnimmt.

In Überlandzentralen kommen fast ausschließlich Drehstromtransformatoren in Betracht, welche drei Spulen für Oberspannung und drei für Unterspannung haben.

Die auf den Eisenkernen befindlichen Spulen werden in Gehäusen untergebracht, welche zur Isolierung und zur Kühlung der Spulen mit Öl gefüllt werden, welches einen hohen Flammpunkt haben muß. Ferner muß es kältebeständig sein und säurefrei.

Beim Stromdurchgang entstehen in den Drähten und dem Eisenkern Verluste, und zwar treten in dem Eisenkern Verluste durch Wirbelströme und Hysterese auf, während in den Windungen solche durch Stromwärme entstehen.

Der Wirkungsgrad eines Transformators ist gleich der Leistung dividiert durch die Leistung zusätzlich der Verluste. Bezeichnet man die Verluste im Eisen mit V_f, die im Kupfer mit V_k, so erhält man, wenn man die Leistung mit L und den Wirkungsgrad mit η bezeichnet, folgende Formel:

$$\eta = \frac{L}{L + V_k + V_f}$$

Transformatoren sind nun erfahrungsgemäß in den meisten Fällen nur selten voll belastet, vornehmlich in ländlichen Gegenden finden sich Transformatoren, welche während des ganzen Jahres nur ganz kurze Zeit voll belastet sind.

Der Jahreswirkungsgrad berechnet sich nach folgender Formel:

$$\eta = \frac{L}{L + V_k + V_f \cdot \frac{8760}{t}}$$

Hierin bezeichnet t die Anzahl der Stunden, während derer der Transformator voll belastet war.

Nach den Verbandsvorschriften müssen die Transformatoren entweder in geerdete Metallgehäuse eingesetzt oder in abgeschlossenen Verschlägen untergebracht werden. Es hat sich immer mehr eingeführt, für Transformatoren gerippte Kästen aus starkem Eisenblech zu wählen, welche mit Öl gefüllt sind.

Wenn in Ortschaften nur gelegentlich große Mengen Strom entnommen werden, der Transformator während der meisten Zeit aber nur eine geringe Belastung hat, empfiehlt es sich, Transformatoren der später kurz zu besprechenden Sonderreihe zu wählen. Sollte sich bei der Aufstellung des Projektes ergeben, daß diese Transformatoren nicht genügen, da die Normalbelastung gegenüber der Höchstbelastung zu gering ist, zu sollen zweckmäßig zwei Transformatoren aufgestellt werden, von denen dann im normalen Betriebe nur der kleinere dauernd eingeschaltet ist. Sobald die Belastung wächst, wird der größere entweder zugeschaltet oder, wenn die Belastung für beide nicht ausreicht, allein eingeschaltet.

Auf diese Weise erzielt man außer einer großen Stromersparnis noch den Vorteil, daß man einen Transformator als Reserve stehen hat.

Bei Inbetriebsetzung müssen die beiden Transformatoren parallel geschaltet werden.

Von der richtigen Wahl der Transformatoren hängt stets sehr viel ab. Die Leerlaufverluste eines unrichtig gewählten Transformators können die Wirtschaftlichkeit der Stromversorgung vollkommen in Frage stellen, da durch den Leerlaufstrom derartige Unkosten entstehen können, daß der Nutzstrom in keinem wirtschaftlichen Verhältnis mehr zu der Gesamtstromentnahme steht. Wenn z. B. der Leerlaufstrom 50% der Gesamtstromentnahme ausmacht, ist eine Rentabilität unmöglich.

Um der großen Verschiedenheit der Typen entgegenzutreten, ist beschlossen, Einheitstransformatoren zu bauen. Für den Verbraucher ergibt sich eine Vereinfachung, da die Einheitstransformatoren ohne Mühe parallel geschaltet werden können. Für die Einheitstransformatoren sind Typenreihen aufgestellt, welche ganz bestimmte Ober- und Unterspannungen aufweisen. Die Einheitlichkeit erstreckt sich bei der Hauptreihe auf sieben Leistungen: 5, 10, 20, 30, 50, 75 und 100 kVA, bei der Sonderreihe auf sechs Leistungen: 5, 10, 15, 25, 37,5 und 50 kVA. Die Oberspannungen nebst Anzapfungen sind bei der Oberreihe folgende:

Stufe I	5200	6240	10400	15600	20800	Volt
Stufe II	5000	6000	10000	15000	20000	Volt
Stufe III	4800	5760	9600	14400	19200	Volt

Es wird verlangt, daß die Anzapfungen ohne Aufheben des Deckels zugänglich sind.

Die Transformatoren der Hauptreihe sind nur wenig überlastbar, während die der Sonderreihe für eine hohe Überlastbarkeit bestimmt sind. Sie sollen erst bei einer dauernden Überlastung von 60% die zulässige Temperaturerhöhung erreichen und dürfen während 12 Stunden mit der doppelten Nennleistung beansprucht werden. Sie werden daher mit Erfolg auf dem Lande Verwendung finden, wo die Transformatoren während der größten Zeit des Jahres nur sehr gering, während der Dreschzeit aber sehr stark belastet sind.

Die Nennoberspannungen der Sonderreihe sind dieselben wie die der Hauptreihe. Ihr Hauptunterschied liegt in der Überlastbarkeit.

Die Unterspannungen sind 220 und 380 Volt, Spannungen, welche sich in den letzten Jahren sehr eingebürgert haben.

Um ein Parallelarbeiten zu ermöglichen, wird die Oberspannung stets in Stern geschaltet, die Unterschaltung bei 231 Volt in Stern, bei 400 Volt in Sternzickzackschaltung.

Transformatorenstationen.

Um in Überlandzentralen eine möglichst sichere Stromversorgung zu haben, werden die Leitungen möglichst als Ringleitungen ausgeführt. In den einzelnen Ringen werden in größeren Abständen Trennstellen eingebaut, so daß die Ringe auch geöffnet werden können, wobei dann der Strom nur von einer Seite durch das Netz fließt.

Fig. 94 zeigt schematisch das Netz einer Überlandzentrale. Von der Zentrale C geht eine Ringleitung nach beiden Seiten aus. Auf der Strecke sind Trennschalter T an leicht zugänglichen Stellen eingebaut. Es trete nun auf der Strecke T T_h eine Störung, z. B. durch Bruch eines Isolators ein. Sobald der Fehler gefunden ist, werden die Schalter T und T_h geöffnet, worauf die Strecke T T_h stromlos ist. Der Strom gelangt während dieser Unterbrechung über T_e T usw. nach T_h. In ähnlicher Weise wird verfahren, wenn an einer anderen Stelle, z. B. zwischen T_e und H_3 eine Störung auftritt. Es ist auf diese Weise möglich, auch bei längeren und größeren Störungen den Betrieb in dem unversehrten Teile weiter aufrechtzuerhalten. Die Schalter werden entweder als Freileitungshornschalter zur Verwendung im Freien oder als Ölschalter in Gebäuden benutzt. Die Stationen, welche dazu dienen, in Störungsfällen für die Schaltung durch Ölschalter die Trennungen vornehmen zu lassen, nennt man Durchgangsstationen. Die Stationen H_1, H_2 usw. nennt man Endstationen. Durchgangsstationen werden meist da angeordnet, wo größere Abzweigungen vorgenommen werden, während überall da, wo nur Stationen zur Versorgung von Ortschaften dienen sollen, Endstationen errichtet werden.

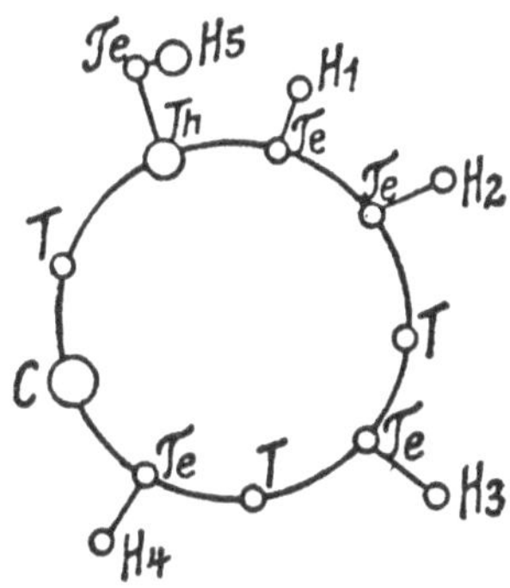

Fig. 94.

Diese Endstationen können bei kleineren Belastungen als Maststationen ausgeführt werden, d. i. der Transformator wird auf einem aus Holz- oder Eisenmasten bestehenden Gerüst aufgestellt. Größere Transformatoren werden in Hausstationen untergebracht. In diesen können auch Blitzschutzvorrichtungen angeordnet werden.

Eine Hausstation mit zwei Transformatoren zeigt Fig. 95. Durch eine Glasscheibe E werden die drei Drähte eingeführt, welche im Innern auf Stützisolatoren befestigt werden. Kurz nach der Einführung wird ein dreipoliger Trennschalter T_r eingebaut, um die Station spannungslos machen zu können. Die Leitungen werden zu drei horizontal liegenden Schienen S_a geführt, von welchen die Abzweigungen zu den beiden Transformatoren erfolgen. Jeder Transformator I und II ist durch einen Schalter Sch von der Stromzuführung zu trennen. Um den Transformator vor Überlastungen zu schützen, wird er durch drei Sicherungen S geschützt. Auf der Niederspannungsseite wird der Nullpunkt herausgeführt, so daß die Lampen auf einer Phase und dem Nulleiter brennen können, während die Motoren auf die drei Phasen gelegt werden. Der Nullpunkt wird geerdet, ebenso erfolgt eine Erdung sämtlicher Isolatorenstützen, Schaltergrundplatten, der Transformatorengehäuse und aller sonst in der Station befindlichen Eisenteile, um etwa übertretende Hochspannung sofort zur Erde ableiten zu können. Wird eine derartige Station mit Blitzschutz versehen, so muß derselbe zwischen der Einführung und den obersten Trennschaltern angeordnet werden, damit atmosphärische Entladungen auch bei abgeschalteter Station zur Erde abgeleitet werden können.

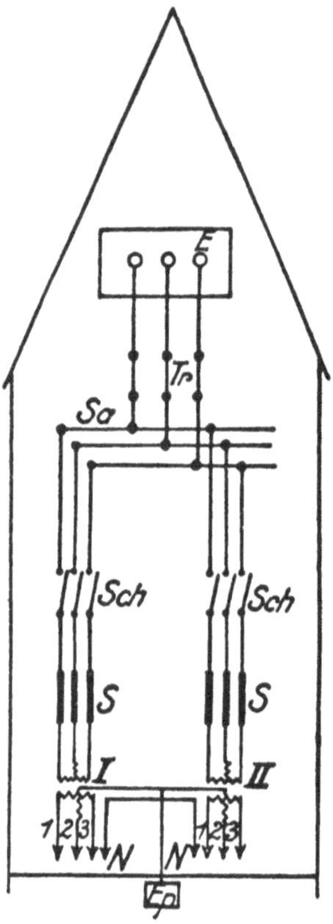

Fig. 95.

Je einfacher in einer Station die Anordnung ist, um so leichter ist ihre Bedienung. Es muß von Zeit zu Zeit nachgesehen werden, ob nicht Öl aus den Gehäusen abgeflossen ist, und ob nicht an irgendeiner Stelle sich Schäden bemerkbar machen. Eine derartige Besichtigung darf nur nach vollkommen abgeschalteter Station erfolgen. Empfehlenswert ist es, wenn vor der Station ein Mastschalter eingebaut wird, damit durch Öffnen dieses auch die Einführung kontrolliert werden kann. Häufig wird dieser Trennschalter an der Stelle eingebaut, an der die Stichleitung nach der Endstation von der Ringleitung abzweigt. In Fig. 94 sind diese Stellen mit T_e bezeichnet.

Gleichrichter[1]).

Bei den hohen Kohlenpreisen und Löhnen ist es oft unrentabel, kleinere Gleichstromanlagen im eigenen Betriebe aufrechtzuerhalten. Wenn sich eine Möglichkeit zum Anschluß an eine Überlandzentrale bietet, sollte daher stets geprüft werden, ob nicht ein Strombezug von einer Überlandzentrale günstiger wird. Wenn viele Motoren angeschlossen sind, so kann erwogen werden, ob nicht eine Umformung des Drehstromes in Gleichstrom erfolgen soll.

Eine Möglichkeit, diese Umformung zu erzielen, ist in den Gleichrichtern gegeben.

Die Wirkungsweise des Quecksilberdampf-Gleichrichters beruht auf der Ventilwirkung eines Lichtbogens, welcher in einem fast luftleeren, mit Quecksilber gefüllten Raume auftritt, und den Strom nur in einer Richtung — von der Anode nach der Kathode — hindurchläßt.

Der Gleichrichter hat einen von der Belastung unabhängigen Spannungsabfall, so daß mit der Betriebsspannung der Wirkungsgrad steigt, welcher bei allen Belastungen gleich groß ist.

Die Größe eines Gleichrichters wird nach dem Strom bestimmt, welchen er auf der Gleichstromseite liefern soll. Die kleineren werden mit Glaszylindern bis 150 Amp., die größeren mit Eisenzylindern für Stromstärken von 250 und 500 Amp. gebaut. Die großen Typen werden für Gleichstromspannungen bis 1200 Volt gebaut. Es ergeben sich folgende Leistungen

Gleichstromspannung in Volt	Gleichrichter für 250 Amp.	Gleichrichter für 500 Amp.
110	27,5 kW	55 kW
220	55 „	110 „
440	110 „	220 „
500	125 „	250 „
1200	300 „	600 „

[1]) Vgl. Spennrath-Kirstein Teil II, S. 113.

Die Betriebsbereitschaft eines Gleichrichters ist von seinem Vakuum abhängig. Bleibt er längere Zeit außer Betrieb, besteht die Gefahr, daß durch irgendwelche Zufälle das Vakuum kleiner wird. Es muß daher stets auf Konstanz des Vakuums geachtet werden. Empfindlich ist der Gleichrichter gegen Unterbelastungen. Es muß stets eine Mindestbelastung vorhanden sein, sonst besteht die Gefahr, daß der Lichtbogen erlischt.

Die Vorzüge des Gleichrichters sind hohe Unempfindlichkeit gegen Belastungsschwankungen, große Überlastungsfähigkeit, keine Abnutzung an Schmieröl, Lagern usw., Ersparnis von Fundamenten, geräuschloser Betrieb, einfache Bedienung, einfache Reserve.

Die verkettete Drehstromspannung steht zu der Gleichstromspannung in einem bestimmten Verhältnis nach folgender Tabelle

Drehstrom	Gleichstrom
204	110
220	120
380	220
810	440

Motorgeneratoren.

Eine andere Möglichkeit, Drehstrom in Gleichstrom umzuformen, haben wir in den Drehstrom-Gleichstromumformern, wobei Drehstrommotoren mit Gleichstromdynamos unmittelbar gekuppelt sind oder die Gleichstromdynamos mit Riemen antreiben. Es werden Asynchronmotoren gewählt, welche ein einfaches Anlassen gestatten.

Einankerumformer.

Einankerumformer besitzen eine Ankerwicklung, sie arbeiten mit hohem Wirkungsgrad. Das Verhältnis der Drehstrom- zu der Gleichstromspannung ist 0,615—0,66. Sie beanspruchen weniger Platz als Motorgeneratoren.

Welche Art von Antrieb gewählt werden soll, ist von Fall zu Fall zu entscheiden.

Elektrische Heiz- und Kochapparate.

Drähte aus Nickelin, Kruppin, Neusilber od. dgl. werden isoliert auf Rahmen montiert, sie werden entweder gerade oder in Spiralform angeordnet. Zum Schutz gegen Berührung werden die Drähte in Asbest, Glimmer od. dgl. eingebettet, um Kurzschlüsse zu verhüten.

Heizapparate sollen höchstens mit einer Spannung von 250 Volt betrieben werden, sie müssen so gebaut sein, daß alle spannungführenden Teile von den nicht spannungführenden Teilen der Apparate vollkommen zuverlässig isoliert sind.

In Figur 96 sind die drei Leitungen eingeschaltet, die Heizkörper sind parallel geschaltet, wodurch die größte

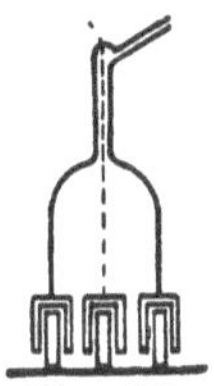
Fig. 96.

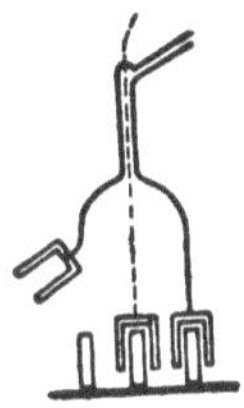
Fig. 97.

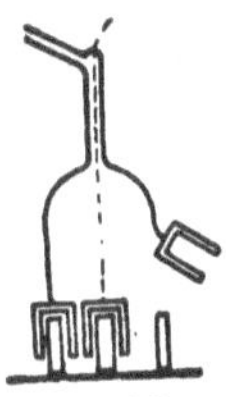
Fig. 98.

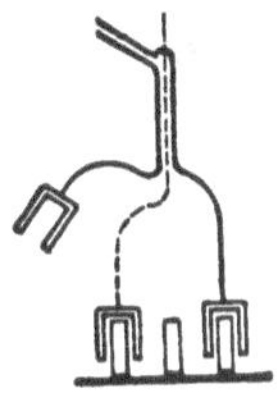
Fig. 99.

Hitze erzielt wird. Wird der linke oder rechte Kontakt (Fig. 97 und 98) geöffnet, so ist nur eine Gruppe eingeschaltet, so daß mäßige Hitze erreicht wird. Bei der Schaltung nach Fig. 99 erhalten wir nur schwache Hitze, die Körper sind hintereinander geschaltet.

Die inneren Verbindungen müssen so geführt sein, daß sie durch Erwärmungen und Erschütterungen nicht gelockert werden und mit dem Gehäuse nicht in Berührung kommen können.

Um eine Regulierung der Temperatur vornehmen zu können, werden die Apparate meist mit drei Kontakten geliefert, wodurch eine Beheizung in drei Stufen durchführbar ist. Die Heizelemente werden in zwei Gruppen geteilt, wodurch es möglich ist, die Temperatur auf schwache Hitze, mäßige und stärkste Hitze zu regulieren.

Um ein Durchbrennen der Heizapparate zu vermeiden, dürfen dieselben niemals eingeschaltet werden, bevor nicht der Behälter mit Flüssigkeit gefüllt ist. Ebenso dürfen Plätteisen nicht längere Zeit unbenutzt stehen gelassen werden, da sonst leicht die Spulen durchbrennen können, ebenso können Brände durch unbenutzt unter Strom stehende Eisen hervorgerufen werden.

Verwendungsarten sind Plätteisen, Zimmeröfen, Wasserkocher, Teekessel, Kaffeemaschinen, Bratpfannen, Brotröster, Haartrockenapparate, Brennapparate, Zigarrenanzünder, Fuß-, Bettwärmer u. dgl.

Es werden auch Brutöfen mit derartigen Heizvorrichtungen oder Glühlampen betrieben, jedoch sollen derartige Brutapparate nicht im Anschluß an Überlandzentralen benutzt werden, da bei längeren Störungen die Eier derart auskühlen können, daß die ganze Brut gefährdet ist.

Die Zuleitungen müssen an beiden Enden mit Zugentlastung versehen sein. Bei Apparaten bis 1500 Watt bei 250 Volt dürfen die Steckvorrichtungen zum Ein- und Ausschalten benutzt werden. Bei Apparaten mit größerem Strombedarf muß ein Momentschalter in der festen Leitung angebracht werden, die Verbindungsschnur darf im eingeschalteten Zustande nicht herausgezogen werden.

Elektrische Schweißverfahren.

Beim elektrischen Schweißen ist es möglich, die Dauer und Höhe der Erhitzung des Arbeitsstückes genau zu regulieren, so daß auf diesem Wege auch Metalle zusammengeschweißt werden können, welche auf andere Weise sich schlecht schweißen lassen.

Es ist daher die elektrische Schweißung ein Gebiet, das sich vielmehr einführen sollte, als es bisher geschehen ist. Ein großer Vorzug ist der, daß die Erhitzung unmittelbar an der zu schweißenden Stelle erzeugt wird, wodurch eine unnötige Erwärmung weiterer Stellen ausgeschlossen ist.

Bei der Lichtbogenschweißung wird Gleich- und Wechselstrom benutzt. Nach dem Verfahren von Benardos wird der positive Pol an das Werkstück gelegt. Der mit einem Handgriff versehene Kohlestift wird über die Schweißstelle geführt, wodurch das Metall an den Stößen stark erhitzt wird, so daß ein Zusammenschweißen eintritt. Nach Slavianoff wird die Kohlenelektrode durch einen Metallstab ersetzt, welche als Lot dient. Das Werkstück bildet den anderen Pol. Da der Metallstab allmählich abschmilzt, muß eine Steuervorrichtung an dem Apparat angebracht sein, welche die Länge des Lichtbogens selbsttätig regelt.

Das Verfahren von Benardos wird beim Schweißen von dünnwandigen Fässern benutzt, das von Slavianoff für schwerere Werkstücke, Kessel usw.

Die nötige Stromstärke schwankt, je nach der Art des Werkstückes, zwischen 40 und 700—800 Amp. Die Spannung beträgt nicht über 65 Volt. Sehr geeignet ist die Widerstandsschweißung, welche mit niedrig gespannten Wechselströmen arbeitet, während die Stromstärke eine sehr hohe ist. Die Enden der zusammenzuschweißenden Werkstücke werden gegeneinander gepreßt, so daß sie sich berühren. Sodann wird ein niedrig gespannter starker Strom hindurchgesandt, wodurch in kurzer Zeit Schweißglut hervorgerufen wird. Da durch das Weichwerden der Schmelzstelle der Druck nachgelassen hat, wird dieser jetzt wieder erhöht, worauf der Strom ausgeschaltet wird. Ein Verbrennen der Stelle ist nicht möglich.

Der ganze Arbeitsvorgang vollzieht sich in kürzester Zeit, es können auf diese Weise Ketten sehr schnell hergestellt werden.

In der nachstehenden Tabelle sind Angaben über einige Schweißmaschinen der AEG enthalten.

Es ist aus dieser Tabelle ersichtlich, daß zum Schweißen von Kupfer erheblich größere Strommengen nötig sind als zum Eisenschweißen.

Stumpfschweiß-maschine Type	Gewicht netto in kg	Maximalschweißleistung in qmm		Transformatorleistung in KVA
		Eisen	Kupfer	
St 1,5	22	50	25	1,5
St 2	32	65	30	2
Sta 1,5	25	50	25	1,5
Sta 2	35	65	30	2
St 3	225	100	40	3
St 3/7,5	260	250	80	7,5
St 7,5	340	250	80	7,5
St 15	480	500	125	15
St 40/25	1465	800	165	25
St 40	1500	1200	200	40
St 60	1675	1800	300	60
St 60/80	1875	2400	400	80
St 120	6500	3600	600	120
St 200	11500	6000	1000	200

Nach Peter sind folgende Schweißzeiten notwendig:

Schweißdauer bei Vollquerschnitten (Eisen und Stahl).

Durchmesser in mm	Querschnitt in qmm	Zeit der Stromentnahme in sec
6,2	30	10
8	50	15
13	132	20
16	200	25
19	285	30

Schweißdauer bei Hohlquerschnitten (schmiedeeisernes Rohr)

Durchmesser in mm	Querschnitt in qmm	Zeit der Stromentnahme in sec
13	150	33
19	200	40
25	300	47
32	480	53
38	550	70
52	825	84
65	1125	93
76	1500	106

Ferner gibt die folgende Tabelle eine Übersicht über die Schweißdauer für Kupfer, Eisen oder Stahl.

Kupfer Querschnitt in qmm	Zeitdauer in sec	Eisen oder Stahl Querschnitt in qmm	Zeitdauer in sec
62	8	250	33
125	11	300	45
187	13	750	55
250	16	1000	65
312	18	1250	70
375	21	1500	78
440	22	1750	85
400	23	2000	90

Die Schweißungen werden unterschieden in Naht-, Punkt- und Stumpfschweißung.

Bei der Nahtschweißung werden die zu schweißenden Bleche zwischen zwei unter Strom stehenden Rollen hindurchgeführt, welche gegeneinander gepreßt sind.

Bei der Punktschweißung werden die Bleche ähnlich wie beim Nieten durch einzelne Schweißstellen zusammengeschweißt, auf diese Weise können auch Aluminium, Messing- und Zinkbleche verbunden werden.

Die Stumpfschweißung erfolgt beim Zusammenpressen von Blechen, welche stumpf gegeneinander gedrückt werden. Sobald die Bleche genügend erhitzt sind, werden sie nach Abstellung des Stromes gegeneinander gepreßt. Die Blechstärken der zu verbindenden Bleche müssen gleich stark sein.

Unter die elektrischen Schweißmaschinen sind auch die Nietenwärmer zu rechnen, welche mit Einphasenwechselstromtransformatoren gespeist werden. Sie sind in drei Größen erhältlich, und zwar für 2 Nieten von je 10, oder 16 mm ⌀, für 3 Nieten von je 13 mm oder 2 von je 20 mm ⌀, und für 3 Nieten von je 20 mm oder 2 von je 30 mm ⌀.

Derartige Nietenwärmer werden unter größter Stromausnutzung verwendet, sie gestatten ein sauberes und schnelles Arbeiten.

Nach der AEG ergeben sich für Nietenwärmer folgende Daten:

Durchmesser der Nieten mm	Länge der Nieten mm	Leistungsaufwand für 1 Niet in kW	Dauer der Erwärmung in sec	Stromverbrauch für 100 Nieten in kWh
10	25	5	8	1
13	35	6	11	2
20	50	12	24	7
25	65	14	37	15

Auf diesem Gebiete ist für Installateure noch ein weites Betätigungsfeld, welches noch viel zu wenig ausgenutzt wird.

Schließlich seien noch die elektrischen Signierapparate erwähnt, welche es gestatten, mit elektrisch beheizten Griffeln auf allen möglichen Maschinenteilen Zeichen und Nummern anzubringen, welche nicht entfernt werden können.

Leitungsberechnungen.

Bei der Leitungsberechnung ist darauf zu achten, daß die Belastung der Leitung nicht die zulässigen Grenzen überschreitet, und daß der Spannungsverlust nicht zu groß wird. Bei Freileitungen ist ferner auf die nötige mechanische Festigkeit Rücksicht zu nehmen.

Die Belastungen, welche zulässig sind, werden für isolierte Leitungen in der nachstehenden Belastungstabelle für isolierte Leitungen angegeben, ebenso werden in einer Tabelle die Mindestquerschnitte aufgeführt, welche verlegt werden dürfen (Seite 150).

Wird an Stelle von Kupfer ein anderes Material gewählt, das eine geringere Leitfähigkeit besitzt, so müssen die Querschnitte so gewählt werden, daß sie sowohl in bezug auf Festigkeit wie Erwärmung den Bedingungen der Kupferleitungen entsprechen.

Wird z. B. Aluminium benutzt, so ist die folgende Tabelle für die Umrechnung zugrunde zu legen.

Leitungswiderstand auf 1000 m in Ohm bei 15° C	Querschnitt in qmm	
	Kupfer	Aluminium
34,90	0,5	0,82
17,45	1,0	1,65
11,63	1,5	2,47
8,73	2,0	3,29
6,98	2,5	4,12
5,82	3,0	4,94
4,36	4,0	6,60
3,49	5,0	8,24
2,91	6,0	9,88
2,49	7,0	11,53
1,75	10,0	16,47
1,40	12,5	20,58
1,09	16,0	26,35
0,873	20,0	32,94
0,70	25,0	41,18
0,50	35,0	57,64
0,35	50,0	82,35
0,25	70,0	115,29
0,18	95,0	156,46
0,152	115,0	189,41
0,145	120,0	197,64
0,140	125,0	205,80
0,134	130,0	214,10
0,125	140,0	230,58
0,116	150,0	247,05

Blanke Kupferleitungen bis zu 50 qmm unterliegen den Vorschriften nachstehender Tabelle, über 50 qmm sind sie so zu bemessen, daß sie durch den stärksten normal vorkommenden Betriebsstrom keine Temperatur annehmen können, welche für den Betrieb oder die Umgebung gefährlich werden kann.

Kabel werden üblich 70 cm tief in den Erdboden verlegt, um sie gegen mechanische Beschädigungen zu schützen, evt. wird das Kabel mit Dachsteinen belegt, um den Schutz zu erhöhen.

Belastungstabelle für isolierte Kupferleitungen.

Querschnitt in qmm	Stromstärke in Atm.	Nennstromstärke der entsprechenden Abschmelzsicherung in Atm.
0,5	7,5	6
0,75	9	6
1	11	6
1,5	14	10
2,5	20	15
4	25	20
6	31	25
10	43	35
16	75	60
25	100	80
35	125	100
50	160	125
70	200	160
95	240	200
120	280	225
150	325	260
185	380	300
240	450	350
300	525	430
400	640	500
500	760	600

Für die Belastung der Kabel ist gleichfalls eine Tabelle aufgestellt, welche die höchste dauernd zulässige Stromstärke in Amp. bei Verlegung im Erdboden angibt.

Querschnitt in qmm	Höchststromstärke in A	Querschnitt in qmm	Höchststromstärke in A
4	42	150	390
6	55	185	440
10	75	240	515
16	100	300	580
25	130	400	695
35	160	500	795
50	200	625	910
70	245	800	1055
95	295	1000	1250
120	345		

Belastungstafel für im Erdboden verlegte Einleiterkabel aus Aluminium für Gleichstrom bis 750 Volt.

Belastungstabelle für Bleikabel.

Querschnitt in qmm	Höchste dauernd zulässige Stromstärke in Amp. bei Verlegung im Erdboden								
	Einleiterkabel b. 750 V.	Verseilte Zweileiterkabel bis 3000 V.	Verseilte Zweileiterkabel bis 10000 V.	Verseilte Dreileiterkabel bis 3000 V.	Verseilte Dreileiterkabel bis 10000 V	Verseilte Dreileiterkabel bis 15000 V	Verseilte Dreileiterkabel bis 25000 V.	Verseilte Vierleiterkabel bis 3000 V.	Verseilte Vierleiterkabel bis 10000 V.
1	24	19	—	17	—	—	—	16	—
1,5	31	25	—	22	—	—	—	20	—
2,5	41	33	—	29	—	—	—	26	—
4	55	42	—	37	—	—	—	34	—
6	70	53	—	47	—	—	—	43	—
10	95	70	65	65	60	—	—	57	55
16	130	95	90	85	80	—	—	75	70
25	170	125	115	110	105	100	—	100	95
35	210	150	140	135	125	120	110	120	115
50	260	190	175	165	155	145	135	150	140
70	320	230	215	200	190	180	165	185	170
95	385	275	255	240	225	215	200	220	205
120	450	315	290	280	260	250	235	250	240
150	510	360	335	315	300	285	265	290	275
185	575	405	380	360	340	325	300	330	310
240	670	470	—	420	—	—	—	385	—
300	760	530	—	475	—	—	—	430	—

Werden Kabel im Freien oder in Kanälen oder so verlegt, daß mehrere Kabel dicht beieinander liegen, so sollen die Belastungen auf $^3/_4$ vorstehender Werte herabgesetzt werden. Es sollten die in vorstehender Tabelle enthaltenen Werte nur dann voll eingesetzt werden, wenn nicht mehr als zwei Kabel in demselben Graben liegen. Etwa gesondert verlegte Mittelleiter bleiben hierbei außer Betracht.

Die Leitungen dürfen nicht zu schwach gewählt werden, da sie sonst mechanischen Einwirkungen nicht genügend widerstehen können. Es sind daher Mindestquerschnitte für Kupferleitungen vorgeschrieben, welche nicht unterschritten werden dürfen.

Leitungsart	Mindestquerschnitt in qmm
Leitungen an und in Beleuchtungskörper . .	0,5
Pendelschnüre	0,75
Isolierte Leitung, in Rohr verlegt, und ortsveränderliche Leitungen	1
Isolierte Leitung, auf Isolierkörpern	
bei einem Abstand bis 1 m	1
bei einem Abstand über 1 m, in Gebäuden und im Freien	4
Blanke Leitungen in Gebäuden	4
Blanke Leitungen im Freien	4
Freileitungen	10

Um zu verhindern, daß bei großen Belastungen in einem Netze die Lampen dunkel oder unruhig brennen, müssen die Leitungen so berechnet werden, daß bei voll belastetem Netze der Spannungsverlust nicht über ein bestimmtes Maß hinausgeht. Man kann den Spannungsverlust in Speiseleitungen bis zu 10%, in Verteilungsleitungen bis 3% zulassen. In Ortsnetzen kann man die Verluste oft dadurch herabsetzen, daß man Ringleitungen baut, durch welche bei großen Stromentnahmen an einer Stelle ein Ausgleich stattfindet.

Nach dem Ohmschen Gesetz ist

$$e = J \cdot W.$$

Ferner ist $$W = \frac{cl}{q},$$

hierin bedeutet

W den Widerstand der Leitung,
c die Materialkonstante, für Kupfer $^1/_{57}$, Aluminium $^1/_{35}$, Eisen $^1/_7$—$^1/_8$,
l die Länge der Leitung in m,
q den Querschnitt in qmm,
e den Spannungsverlust vom Anfang der Leitung bis zum Ende,
J die Stromstärke in Amp.

Für Gleichstrom und einphasigen induktionsfreien Wechselstrom ergeben sich folgende Formeln

$$q = \frac{c \cdot i \cdot 2\,l}{e} \text{ und}$$

$$e = \frac{c \cdot i \cdot 2\,l}{q}.$$

Oft ist nicht die Stromstärke gegeben, sondern die Leistung in Watt. Da J = E : W ist, so erhält man folgende Formeln

$$q = \frac{c \cdot 2\,l \cdot W}{e \cdot E},$$

$$e = \frac{c \cdot 2\,l \cdot W}{q \cdot E}.$$

Bei Kupferleitungen ist c = 1 : 57, setzt man diesen Wert in die Gleichungen ein, so erhält man als Annäherungswerte folgende Formeln

$$q = \frac{i \cdot l}{29\,e}, \quad e = \frac{i \cdot l}{29\,q}.$$

$$q = \frac{l \cdot W}{29\,e \cdot E}, \quad e = \frac{l \cdot W}{29\,q \cdot E}.$$

Für Drehstrom mit induktionsfreier Belastung ergibt sich folgende Formel

$$q = \frac{c \cdot i \cdot l \cdot 1{,}73}{e}$$

$$e = \frac{c \cdot i \cdot l \cdot 1{,}73}{q}.$$

Bei c = 1 : 57 erhält man dann folgende Formeln

$$q = \frac{i \cdot l \cdot 1{,}73}{57\,e} = \frac{i \cdot l}{33\,e}$$

$$e = \frac{i \cdot l \cdot 1{,}73}{57\,q} = \frac{i \cdot l}{33\,q}.$$

Bei Wechselstrom mit Motorenanschluß (induktiver Belastung) ist zu unterscheiden zwischen der „scheinbaren" Leistung, welche in Kilovoltampere (kVA) und der „wirklichen" Leistung, welche in Kilowatt (kW) gemessen wird.

Das Verhältnis von wirklicher zu scheinbarer Leistung nennt man den Leistungsfaktor ($\cos \varphi$), welcher ungefähr 0,8—0,9 beträgt.

Bei einer Phasenverschiebung von 0,9 ergeben sich folgende Formeln

$$q = \frac{i \cdot l \cdot 1{,}73 \cdot 0{,}9}{57\, e} = \frac{i \cdot l}{36{,}6\, e}$$

$$e = \frac{i \cdot l \cdot 1{,}73 \cdot 0{,}9}{57\, q} = \frac{i \cdot l}{36{,}6\, q}.$$

Bei einer Phasenverschiebung von 0,8 ergeben sich folgende Formeln

$$q = \frac{i \cdot l \cdot 1{,}73 \cdot 0{,}8}{57\, e} = \frac{i \cdot l}{41\, e}$$

$$e = \frac{i \cdot l \cdot 1{,}73 \cdot 0{,}8}{57\, q} = \frac{i \cdot l}{41\, q}.$$

Sind die PS gegeben, so ergibt sich folgende Formel

$$1\ \text{PS} = 736 \cdot E \cdot J \cdot \cos \varphi \cdot 1{,}73.$$

Da bei der Übertragung Kraft verloren geht, so muß dieser Verlust mit berücksichtigt werden.

Für den praktischen Gebrauch kann man mit einem Wirkungsgrad von rd. 0,8—0,85 rechnen, so daß sich für überschlägliche Rechnungen folgende Formeln ergeben:

$$\text{für Gleichstrom } 1\ \text{PS} = \frac{E \cdot J}{600}$$

$$\text{für Drehstrom } 1\ \text{PS} = \frac{E \cdot J \cdot 0{,}7 \cdot 1{,}73}{600}, \text{ bei } \cos \varphi = 0{,}7$$

$$1\ \text{PS} = \frac{E \cdot J \cdot 0{,}9 \cdot 1{,}73}{600}, \text{ bei } \cos \varphi = 0{,}9.$$

Oft soll der Energieverlust berechnet werden, welchen eine Leitung hat. Es geschieht dies nach folgenden Formeln

$$\text{für Gleichstrom } V = \frac{l \cdot kW \cdot 200 \cdot 1000}{E \cdot E \cdot c \cdot q}$$

$$\text{für Drehstrom } V = \frac{l \cdot kW \cdot 100 \cdot 10000}{E \cdot E \cdot \cos \varphi \cdot \cos \varphi \cdot c \cdot q}.$$

Hierin bezeichnet

V den Energieverlust in Prozenten,
l die einfache Leitungslänge in m,
kW die übertragene Leistung in kW,
E die Klemmenspannung,
c die Leitfähigkeit,
q den Querschnitt in qmm.

Die nachstehenden Tabellen der Meterampere sind für Kupfer von einer spezifischen Leitfähigkeit von 57 bei 15° C aufgestellt.

Mit Hilfe dieser Tabellen ist man jederzeit in der Lage, die Querschnitte von Leitungen abzulesen, wenn man einen bestimmten Spannungsverlust annimmt und die Belastung der Leitung kennt.

Es sei eine Leitung von 50 m zu verlegen, durch welche 100 Amp. gesandt werden sollen. Der Spannungsverlust werde mit 5 Volt angenommen. Das Produkt von Stromstärke mal Leitungslänge ist 10000. In der Tabelle findet sich unter dem Spannungsverlust 5 die Zahl 9975, welche 10000 am nächsten ist. Der hierfür geltende Querschnitt ist 35 qmm. Nach der Belastungstabelle darf ein Querschnitt von 35 qmm mit 100 Amp. belastet werden. Für die Installation ist demnach dieser Querschnitt zu wählen.

Soll der Spannungsverlust geringer sein, z. B. nur 3 Volt, so wird in der Spalte für 3 Volt die 10000 am nächsten stehende Zahl gewählt. Es finden sich da die Zahlen 8550 und 11970. Für die erstere Zahl ist ein Querschnitt von 50, für die letztere ein Querschnitt von 70 qmm errechnet. Bei 50 qmm wird der Spannungsverlust angenähert 3,5, für 70 qmm kleiner als 3 Volt. Da das Kupfer sehr teuer ist, wird man aus wirtschaftlichen Gesichtspunkten in einem derartigen Falle den schwächeren Querschnitt von 50 qmm wählen.

Die Tabelle ist auch für Kontrollzwecke verwendbar. So ist z. B. eine Leitung verlegt, welche angeblich nicht ausreicht. Die Stromstärke ist bekannt, ebenso der Querschnitt und die Länge der Leitung. Z. B. sei eine Leitung

Tabelle der Meterampere für verschiedene Querschnitte und Spannungsverluste.

Querschnitt in qmm	Spannungsverlust in Volt									
	0,5	1,0	1,5	2	2,5	3	3,5	4	4,5	5
0,75	21,375	42,75	64,125	85,50	106,875	128,25	149,625	171,00	192,375	213,75
1	28,50	57,00	85,50	114,00	142,50	171,00	199,50	228,00	256,50	285,00
1,5	42,75	85,50	128,25	171,00	213,75	256,50	299,25	342,00	384,75	427,50
2,5	71,25	142,50	213,75	285,00	356,25	427,50	498,75	570,00	641,25	712,50
4	114,00	228,00	342,00	456,00	570,00	684,00	798,00	912,00	1026,00	1140,00
6	171,00	342,00	513,00	684,00	855,00	1026,00	1197,00	1368,00	1539,00	1710,00
10	285,00	570,00	855,00	1140,00	1425,00	1710,00	1995,00	2280,00	2565,00	2850,00
16	456,00	912,00	1368,00	1824,00	2280,00	2736,00	3192,00	3648,00	4104,00	4560,00
25	712,50	1425,00	2137,50	2850,00	3562,50	4275,00	4987,50	5700,00	6412,50	7125,00
35	997,50	1995,00	2992,50	3990,00	4987,50	5985,00	6982,50	7980,00	8977,50	9975,00
50	1425,00	2850,00	4275,00	5700,00	7125,00	8550,00	9975,00	11400,00	12825,00	14250,00
70	1995,00	3990,00	5985,00	7980,00	9975,00	11970,00	13965,00	15960,00	17955,00	19950,00
95	2707,50	5415,00	8122,50	10830,00	13537,50	16245,00	18952,50	21660,00	24367,50	27075,00
120	3420,00	6840,00	10260,00	13680,00	17100,00	20520,00	23940,00	27360,00	30780,00	34200,00
150	4275,00	8550,50	12825,00	17100,00	21375,00	25650,00	29925,00	34200,00	38475,00	42750,00
185	5272,50	10545,00	15817,50	21090,00	26362,50	31635,00	36907,50	42180,00	47452,50	52725,00
240	6840,00	13680,00	20520,00	27360,00	34200,00	41040,00	47880,00	54720,00	61560,00	68400,00
310	8835,00	17670,00	26505,00	35340,00	44175,00	53010,00	61845,00	70680,00	79515,00	88350,00
400	11400,00	22800,00	34200,00	45600,00	57000,00	68400,00	79800,00	91200,00	102600,00	114000,00
500	14250,00	28500,00	42750,00	57000,00	71250,00	85500,00	99750,00	114000,00	128250,00	142500,00
625	17812,50	35625,00	53437,50	71250,00	89062,50	106875,00	124687,50	142500,00	160312,50	178125,00
800	22800,00	45600,00	68400,00	91200,00	114000,00	136800,00	159600,00	182400,00	205200,00	228000,00
1000	28500,00	57000,00	85500,00	114000,00	142500,00	171000,00	199500,00	228000,00	256500,00	285000,00

Tabelle der Meterampere für verschiedene Querschnitte und Spannungsverluste.

Querschnitt in qmm	Spannungsverlust in Volt								
	5,5	6	6,5	7	7,5	8	8,5	9	9,5
0,75	235,125	256,50	277,875	299,25	320,625	342,00	363,375	384,75	406,125
1	313,50	342,00	370,50	399,00	427,50	456,00	484,50	513,00	541,50
1,5	470,25	513,00	555,75	598,50	641,25	684,00	726,75	769,50	812,25
2,5	783,75	855,00	926,25	997,50	1068,75	1140,00	1211,25	1282,50	1353,75
4	1254,00	1368,00	1482,00	1596,00	1710,00	1824,00	1938,00	2052,00	2166,00
6	1881,00	2052,00	2223,00	2394,00	2565,00	2736,00	2907,00	3078,00	3249,00
10	3135,00	3420,00	3705,00	3990,00	4275,00	4560,00	4845,00	5130,00	5415,00
16	5016,00	5472,00	5928,00	6384,00	6940,00	7296,00	7852,00	8208,00	8664,00
25	7837,50	8550,00	9262,50	9975,00	10687,50	11400,00	12112,50	12825,00	13537,50
35	10972,50	11970,00	12967,50	13965,00	14962,50	15960,00	16957,50	17955,00	18952,50
50	15675,00	17100,00	18525,00	19950,00	21375,00	22800,00	24225,00	25650,00	27075,00
70	21945,00	23940,00	25935,00	27930,00	29925,00	31920,00	33915,00	35910,00	37905,00
95	29782,50	32490,00	35197,50	37905,00	40612,50	43320,00	46027,50	48735,00	51442,50
120	37620,00	41040,00	44460,00	47880,00	51300,00	54720,00	58140,00	61560,00	64980,00
150	47025,00	51300,00	55575,00	59850,00	64125,00	68400,00	72675,00	76950,00	81225,00
185	57997,50	63270,00	68542,50	73815,00	79087,50	84360,00	89632,50	94905,00	100177,50
240	75240,00	82080,00	88920,00	95760,00	102600,00	109440,00	116280,00	123120,00	129960,00
310	97185,00	106020.00	114855,00	123690,00	132525,00	141360,00	150195,00	159030,00	167865,00
400	125400,00	136800,00	148200,00	159600,00	171000,00	182400,00	193800,00	205200,00	216600,00
500	156750,00	171000,00	185250,00	199500,00	213750,00	228000,00	242250,00	256500,00	270750,00
625	195937,50	213750,00	231562,00	249375,00	267187,50	285000,00	302812,50	320625,00	338437,50
800	250800,00	273600,00	296400,00	319200,00	342000,00	364800,00	387600,00	410400,00	433200,00
1000	313500,00	342000,00	370500,00	399000,00	427500,00	456000,00	484500,00	513000,00	541500,00

von 16 qmm bei einer einfachen Länge von 200 m mit 30 Amp. belastet. Nach der Belastungstabelle darf 16 qmm mit 60 Amp. belastet werden. Das Produkt der Meterampere ergibt 12000. In der Tabelle findet man unter 1,5 die Zahl 1368.

Der zehnfache Wert ist 13680, welche Zahl 12000 am nächsten steht. Folglich ist der Spannungsverlust 15 Volt. Bei 110 Volt Netzspannung ist dies ein prozentualer Spannungsverlust von rd 13 %, ein Verlust, welcher zu hoch ist.

Um nun festzustellen, wie stark die Leitung sein darf, nimmt man einen Spannungsverlust von rd 5 % an, was ungefähr 6 Volt bei 110 Volt entspricht, sieht in der Tabelle unter 6 Volt nach und findet die Zahl 11970. Hierfür ist ein Querschnitt von 35 qmm angegeben.

Die Leitung von 16 qmm muß demnach, um einwandfrei zu arbeiten, gegen eine solche von 35 qmm ausgewechselt werden.

Bei Berechnung von Kraftanlagen ist meist der Energiebedarf der Motoren in kW gegeben. Es ist dann ein der Spannung prozentualer Spannungsverlust anzusetzen, welcher in der zu berechnenden Leitung auftreten darf.

In der nachstehenden Formel, welche für diese Rechnungen geeignet ist, bedeutet für Drehstromleitungen

q den Querschnitt in qmm
l die einfache Länge in m,
kW den Energiebedarf in Kilowatt,
c die Materialkonstante,
E die Netzspannung,
cos φ den Leistungsfaktor, (vgl. S. 152)

$$q = \frac{l \cdot kW \cdot 100000}{c \cdot \gamma \cdot E^2 \cdot \cos \varphi^2}$$

Wenn die Leistung in kW gegeben ist, soll oft die Stromstärke berechnet werden, welche durch die zu verlegende Leitung fließt.

Es ist $J = \frac{kW}{E}$ bei Gleichstrom

$$J = \frac{kW}{1{,}73 \cdot \cos \varphi . E}$$ bei Drehstrom.

Hierin bedeuten J die Stromstärke,
kW die Leistung in Kilowatt,
cos φ den Leistungsfaktor,
E die Spannung.

In nachfolgender Tabelle ist für Gleichstrom von 110, 220 und 440 Volt, ferner für Drehstrom von 110, 120, 208, 220 und 380 Volt bei cos $\varphi = 1$, cos $\varphi = 0{,}9$ und cos $\varphi = 0{,}8$ die Stromstärke berechnet worden.

Es kann somit jederzeit aus der Tabelle für die einzelnen Leistungen die zugehörige Stromstärke entnommen werden. Bei Leistungen über 50 kW können durch entsprechende Verstellung des Komma diese Werte gleichfalls entnommen werden.

So sei z. B. die Stromstärke für 60 kW bei einer Gleichstromspannung von 110 Volt festzustellen. In der Tabelle findet sich für 6 kW der Wert 54,54. Für 60 kW ist dieser Wert mit 10 zu multiplizieren, woraus sich 545,40 ergibt.

kW	Gleichstrom Volt			Drehstrom cos $\varphi = 1$				
	110	220	440	110	120	208	220	380
1,0	9,09	4,55	2,27	5,25	4,82	2,78	2,63	1,52
1,1	10,00	5,00	2.50	5,78	5,30	3,06	2,89	1,67
1,2	10,90	5,45	2,73	6,31	5,78	3,33	3,15	1,82
1,3	11,82	5,91	2,95	6,83	6,26	3,61	3,42	1,98
1,4	12,73	6,37	3,19	7,35	6,74	3,89	3,68	2,13
1,5	13,64	6,82	3,41	7,88	7,22	4,17	3,94	2,28
1,6	14,55	7,28	3,64	8,40	7,71	4,45	4,20	2,43
1,7	15,45	7,73	3,87	8,93	8,19	4,72	4,47	2,59
1,8	16,36	8,18	4,09	9,45	8,67	5,00	4,73	2,74
1,9	17,27	8,64	4,32	9,98	9,15	5,28	4,99	2,89
2,0	18,18	9,09	4,54	10,50	9,63	5,56	5,25	3,04
3,0	27,27	13,64	6,82	15,75	14,45	8,34	7,88	4,56
4,0	36,36	18,18	9,09	21,00	19,26	11,12	10,51	6,08
5,0	45,45	22,73	11 37	26,25	24,08	13,90	13,13	7,60
6,0	54,54	27,27	13,64	31,50	28,90	16,68	15,76	9,12
7,0	63,63	31,82	15,91	36,75	33,72	19,46	18,39	10,64
8,0	72,72	36,36	18,18	42,00	38,52	22,24	21,02	12,16
9,0	81,81	40,91	20,45	47,25	43,34	25,02	23,64	13,69
10,0	90,90	45,45	22,77	52,50	48,16	27,79	26,27	15,21
20,0	181,80	90,90	45,40	105,00	96,32	55,58	52,54	30,42
50,0	454,50	227,30	113,65	262,50	240,80	138,95	131,35	76,25

kW	Drehstrom									
	cos φ = 0,9					cos φ = 0,8				
	110	120	208	220	380	110	120	208	220	380
1,0	5,83	5,36	3,09	2,92	1,69	6,56	6,03	3,48	3,29	1,90
1,1	6,42	5,89	3,40	3,21	1,85	7,22	6,63	3,82	3,62	2,09
1,2	7,00	6,43	3,71	3,51	2,03	7,88	7,23	4,17	3,95	2,28
1,3	7,58	6,96	4,02	3,80	2,19	8,53	7,83	4,52	4,27	2,47
1,4	8,17	7,50	4,32	4,09	2,36	9,19	8,44	4,87	4,60	2,66
1,5	8,75	8,03	4,63	4,38	2,53	9,84	9,04	5,21	4,83	2,85
1,6	9,33	8,57	4,94	4,68	2,70	10,50	9,64	5,56	5,26	3,04
1,7	9.92	9,10	5,25	4,97	2,87	11,16	10,24	5,91	5,59	3,23
1,8	10,50	9,64	5,56	5,26	3,04	11,88	10,85	6,26	5,92	3,42
1,9	11,08	10,17	5,87	5,55	3,21	12,47	11,45	6,60	6,25	3,61
2,0	11,67	10,71	6,18	5,84	3,36	13,13	12,05	6,95	6,58	3,80
3,0	17,50	16,07	9,27	8,76	5,06	19,69	18,08	10,43	9,87	5,70
4,0	22,32	21,42	12,36	11,68	6,75	26,25	24,10	13,90	13,15	7,60
5,0	29,17	26,78	15,44	14,60	8,44	32,81	30,13	17,38	16,44	9,50
6,0	35,00	32,13	18,54	17,52	10,13	39,38	36,15	20,85	19,73	11,40
7,0	39,82	37,49	21,63	20,44	11,82	45,94	42,18	24,33	23,01	13,30
8,0	44,64	42,84	24,72	23,36	13,50	52,50	48,20	27,80	26,30	15,20
9,0	52,50	48,20	27,81	26,28	15,19	59,06	54,23	31,28	29,59	17,10
10,0	58,33	53,56	30,89	29,22	16,89	65,62	60,25	34,75	32,88	19,00
20,0	116,60	107,12	61,78	58,44	33,78	131,25	120,50	69,50	65,76	38,00
50,0	291,53	267,75	154,44	146,10	84,44	328,12	301,25	173,75	164,40	95,00

Für die verschiedenen Stromarten ergibt sich unter Annahme gleicher prozentualer Verluste und gleicher Spannungen folgender Kupferaufwand:

Gleichstrom und Wechselstrom.

Zweileitersystem 100,0

Dreileitersystem

Mittelleiter mit halbem Querschnitt 31,3

Mittelleiter mit vollem Querschnitt 37,5

Vierleitersystem:

Innenleiter mit halbem Querschnitt 16,7

Innenleiter mit vollem Querschnitt 22,2

Mehrphasenstrom.

Unverkettetes Zweiphasensystem:

Vier gleich starke Leitungen 100

Verkettetes Zweiphasensystem:

Gemeinschaftliche Rückleitung von 1,73fachem Querschnitt 72,9

Drei gleich starke Leitungen 75

Dreiphasensystem	75
Dreiphasensystem mit neutralem Leiter:	
von halbem Querschnitt	29,2
von vollem Querschnitt	33,3

Kraftbedarf von Arbeitsmaschinen.

Bei der Aufstellung von Projekten ist es erwünscht, ungefähr den Kraftbedarf der verschiedenen Arbeitsmaschinen zu kennen. Man kann danach den Querschnitt der Leitungen bestimmen und so schneller zum Ziele kommen.

Nachstehend sind für verschiedene Arbeitsmaschinen die Werte für den Kraftbedarf aufgeführt, wobei 1 PS = 800 Watt angenommen ist, so daß in den angegebenen Werten bereits ein Teil der Verluste einbegriffen ist.

Art der Arbeitsmaschine	Kraftbedarf in PS	Kraftbedarf in KW
A. Bäckerei- u. Müllereimaschinen.		
Sackausklopfmaschinen	2—3	1,6—2,4
Schrotmühlen	2—10	1,6—8
Teigknetmasch., b. 40 l Fassungsraum	0,25—0,5	0,2—0,4
„ „ 100 l „	1—4	0,8—3,2
„ „ 200 l „	2—5	1,6—4
Teigteilmaschinen u. Wirkmaschinen für Brötchen	1	0,8
Wirk- und Wiegemaschinen für 700 Brote in der Stunde	3,5	2,8
B. Druckereimaschinen.		
Doppelschnellpressen	2—5	1,6—4
Einfache Flachdruckpresse (Buchdruckschnellpressen)	1—2	0,8—1,6
Einfache Rotationsmaschinen . .	6—7	4,8—5,6
Tiegeldruckpressen	0,5—1	0,4—0,8
Zweifarbenschnellpressen	2—3	1,6—2,4

Art der Arbeitsmaschine	Kraftbedarf in PS	Kraftbedarf in KW
C. Fleischereimaschinen.		
Fleischschneidemaschinen (4–24 Ztr. Grobschnitt in der Stunde) . .	1—6	0,8—4,8
Gewürzmühlen	0,25—0,75	0,2—0,6
Knochensägen	0,25	0,2
Mengmaschinen	0,3—1	0,24—0,8
Schleifsteine	0,3—0,5	0,24—0,4
Wiegemaschinen	1	0,8
D. Holzbearbeitungsmaschinen.		
Bandsägen	2—5	1,6—4
Holzdrehbänke	0,5—2	0,4—1,6
Holzhobelmaschinen	4—16	3,2—12,8
Horizontalgatter	4—5	3,2—4
Kehlleistenfräsmaschinen	12	9,6
Kreissägen, einfach	1—5	0,8—4
Kreissägen, zweifach	6—16	4,8—12,8
Vollgatter	12—25	9,6—20
Zapfenschneidemaschinen	5—7	4—5,6
E. Landwirtschaftliche Maschinen.		
Grubber	30—40	24—32
Pflüge	40—90	36—72
Dreschmaschinen, einfache . . .	3—4	2,4—3,2
Breitdreschmaschinen, tgl. bis 100 Ztr.	6—8	4,8—6,4
„ tgl. 200—300 Ztr. mit Reinigung, Selbsteinleger .	25	20
Mammutmaschinen, 600—1000 Ztr. täglich	50—90	40—72
Heu- und Strohaufzug	1—5	0,8—4
Sackaufzüge	1	0,8
Windfegen, Trieure	0,5—1	0,4—0,8
Getreidereinigungsmaschinen . .	1—3	0,8—2,4
Getreidepressen	3—10	2,4—8
Häckselmaschinen	3—9	2,4—7,2
Ölkuchenbrecher	0,5—1	0,5—0,8

Art der Arbeitsmaschine	Kraftbedarf in PS	Kraftbedarf in KW
Rübenschneider	2—3	1,6—2,4
Kartoffelquetschen	0,5—1	0,4—0,8
Molkereimaschinen, bestehend aus Zentrifuge, Pumpe, Butterfaß, Knetmaschine, Presse, Wärmer .	2—10	1,6—8
Antrieb von Brennereimaschinen .	10—15	8—12
Jauchepumpen	0,5—1	0,4—0,8
Düngermühlen	0,5—1	0,4—0,8
F. Metallbearbeitungsmaschinen.		
Bohrmaschinen, für 1 kg Material in 1 Minute bei Gußeisen . . .	0,15	0,12
bei weichem Stahl	0,25	0,2
Fräsmaschinen	1—5	0,8—4
Hobelmaschinen	10—75	8—60
Kaltsägen	1—8	0,8—6,4
Leitspindel- und Zugdrehbänke . .	0,25—2,5	0,2—2
Plandrehbänke	2—15	1,6—12
Revolverdrehbänke	0,5—5	0,4—4
Scheren	1—5	0,8—4
Schleifmaschinen	0,5—5	0,4—4
G. Ziegeleimaschinen.		
Tonschneider	6—10	4,8—8
Ziegelpressen	6—8	4,8—6,4
H. Verschiedene Maschinen.		
Nähmaschinen	0,1—0,33	0,08—0,26
Zuschneidemaschinen	0,25—0,5	0,2—0,4
Spülmaschinen	0,25—0,5	0,2—0,4

Aufstellung von Projekten.

Vor der Ausführung einer Anlage muß ein sorgfältig ausgearbeiteter Plan fertiggestellt werden, nach welchem die Arbeiten ausgeführt werden. Mag es sich um ein Ortsnetz oder eine größere oder kleinere Installation handeln, stets rächt es sich, wenn nicht vor dem Baubeginn ein Plan vorhanden ist, der auf Grund eingehender Besprechungen und Überlegungen angefertigt ist. Für Ortsnetze muß ein genauer Leitungsplan mit Mastenabständen, Querschnitten, Hausanschlüssen u. dgl. aufgestellt werden, bei Licht- und Kraftanlagen müssen die Wünsche der Auftraggeber berücksichtigt werden, wobei der aufnehmende Techniker die Pflicht hat, den Auftraggeber zu unterrichten, wie sich am zweckmäßigsten die Anlage ausführen läßt. Nie sollen hierbei Rücksichten geltend gemacht werden, die eine möglichst teure Anlage bewirken, es muß mit geringsten Mitteln eine möglichst gute Anlage hergestellt werden. Falsch ist es, wenn ohne Plan gearbeitet wird, wenn nur ungefähre Preise angegeben werden, wie es leider oft geschieht. Ärger und Verdruß bei der Abrechnung sind die Folge derartiger Oberflächlichkeiten. Man findet manchmal Auftragsbestätigungen, welche vornehmlich auf dem Lande ausgegeben werden, die für eine sorgsame Ausführung keinerlei Anhalt bieten. In der oberflächlichsten Weise werden in wenigen Zeilen Aufträge bestätigt, welche nach der Herstellung dann meist das Vielfache des Anschlages kosten. Daß ein derartiges Vorgehen nicht im Interesse der Elektrotechnik liegt, ist klar.

Der Auftraggeber, welcher fast immer Laie ist, muß einen fachmännischen Rat erhalten, er weiß ungefähr, was er haben möchte. Darum ist es Sache des Fachmannes, im wohlverstandenen Interesse seines Auftraggebers zu arbeiten und dafür zu sorgen, daß nicht unnötige Reibereien entstehen.

Nie übersehe man die Art der Räumlichkeiten, wobei die Sondervorschriften genau zu beachten sind. Nie sollte bei Beleuchtungsanlagen vergessen werden, die nötige Anzahl von Steckdosen anzubringen.

Der Anbringung der Sicherungen ist besondere Sorgfalt zu widmen.

Oft werden Rentabilitätsberechnungen aufgestellt werden müssen, um zu sehen, ob die eine oder andere Art der Ausführung besser ist. Bei Ortsnetzen muß der Jahreskonsum festgestellt werden, wobei ein Brennkalender zur Hand zu nehmen ist.

Brennkalender.

Von Sonnenuntergang bis	Januar	Februar	März	April	Mai	Juni	Juli	August	September	Oktober	November	Dezember	Das ganze Jahr
5 Uhr abends	7	—	—	—	—	—	—	—	—	—	12	20	39
6 „ „	37	13	—	—	—	—	—	—	—	18	42	51	161
7 „ „	68	41	21	2	—	—	—	—	17	49	72	82	352
8 „ „	99	69	52	20	8	—	1	18	47	80	102	113	618
9 „ „	130	97	83	50	39	24	20	43	77	111	132	144	973
10 „ „	161	128	114	89	70	54	53	80	107	142	162	175	1338
11 „ „	192	183	145	113	101	84	90	111	137	173	192	206	1703
12 „ „	223	189	176	143	132	114	121	142	167	204	222	237	2068
1 Uhr morgens	254	203	207	173	163	144	152	173	197	235	252	268	2433
2 „ „	285	237	238	203	194	,174	183	204	227	266	282	299	2798
3 „ „	316	265	263	239	225	204	214	235	257	237	312	330	3163
4 „ „	347	293	300	269	256	204	245	266	287	328	342	361	3528
5 „ „	378	321	331	290	287	204	276	297	317	353	372	392	3833
6 „ „	403	343	362	323	318	204	307	328	347	390	407	423	4255
7 „ „	440	377	393	353	349	324	338	353	377	421	432	454	4623
8 „ „	471	405	424	383	389	354	363	390	407	452	462	485	4988
Sonnenaufgang	471	387	377	313	276	242	261	303	343	408	442	484	4307

In vorstehendem Brennkalender ist die Zahl der Stunden von Sonnenuntergang an enthalten.

In Wohnräumen ist außer den besonderen Wünschen der Besitzer, der Architektur, der Einrichtung auch auf die Farbe der Decken und Wände zu achten.

Das Reflexionsvermögen spielt bei der Beleuchtung eine nicht zu unterschätzende Rolle. Die nachstehende Tabelle bietet hierfür einen Anhalt.

Es besitzen

weißes Löschpapier . . .	82 %	Reflexionsvermögen
Zeitungspapier	50—70 %	"
gewöhnliches Schreibpapier .	70 %	"
gelbe Tapete	40 %	"
blaue Tapete	25 %	"
tiefschokoladenfarb. Tapete .	4 %	"
braune Tapete	13 %	"
reine Holzbekleidung . .	49—50 %	"
schmutzige Holzbekleidung .	20 %	"
reine gelbgetünchte Wand .	40 %	"
schmutzige gelbget. Wand .	20 %	"
schwarzes Tuch	1,2 %	"
schwarzer Sammet . . .	0,4 %	"

Um einen Anhalt zu haben, welche Kerzenzahl in den verschiedenen Räumen zu wählen ist, ist in nachstehender Tabelle angegeben, welcher Lichtbedarf in HK zu wählen ist, die niedrigen Zahlen gelten für einfachere, die höheren Zahlen für anspruchsvollere Bedürfnisse.

Diese Zahlen bieten einen weiten Spielraum für die Beleuchtung. Es darf nie vergessen werden, daß z. B. in Fabriken außer der Allgemeinbeleuchtung auch eine Sonderbeleuchtung an Werkbänken usw. unbedingt nötig ist. Hier muß die Beleuchtung so angeordnet werden, daß der Arbeiter stets in der Lage ist, seine Arbeit recht hell beleuchten zu können. Oft tritt sogar die Allgemeinbeleuchtung gegenüber der Sonderbeleuchtung erheblich zurück.

Bei der Bemessung der Lichtstärke ist auf die Verschiedenartigkeit der Räume, ihren Verwendungszweck, die

Lichtbedarf in HK	Wohnungen	Büros Geschäfte Hotels	Fabriken	Krankenhäuser Schulen	Theater Säle
1—2	Keller	Keller	—	Keller	—
1—5	Schlafzimmer Gänge Treppen	Lagerräume Gänge Treppen	Lagerräume Gänge Treppen	— Gänge Treppen	—
1—6	Küchen	Küchen	—	Küchen	—
3—8	Wohn-, Speisezimmer	Fremdenzimmer	Schmiede Spinnereien Gießereien	Turnhallen	Treppen Gänge
3—10	Vestibüle	Vestibüle	—	Krankenstuben	Vestibüle
4—12	Gesellschaftsräume	Gastzimmer Speisesäle eleg. Hotelzimmer	Büroräume Formereien Tischlereien Webereien Hallen	—	—
6—15	—	Läden	—	—	—
8—16	—	—	Druckereien Räume für fein. Arbeiten	Klassenzimmer Hörsäle	Festsäle
12—24	—	Sitzungssäle	Setzräume Lithograph. Anstalten	Zeichensäle Operationssäle	—

Höhe derselben sowie die Farbe der Wände Rücksicht zu nehmen. Diese Punkte müssen bei der Projektierung genau beachtet werden, um eine geeignete Beleuchtung zu erzielen. Wohnräume müssen ganz anders beleuchtet werden als Fabrikräume, diese anders als Ställe usw. In Fabriken ist bei der Anordnung der Lampen auf die Eigenheiten der Fabrikation zu achten. Oft muß neben einer Allgemeinbeleuchtung der Räume eine Einzelbeleuchtung vorgesehen werden, z. B. in Kassenräumen, Schreibstuben, in Fabriken, in denen Maschinen stehen, an denen für die genaue Bearbeitung der Materialien in der Nähe Licht vorhanden sein muß.

Als Grundlage kann dienen, daß erst bei 50 Lux eine Helligkeit erzeugt wird, welche der des Tageslichtes entspricht.

Aus nachstehender Tabelle ist ferner zu ersehen, wieviel Lampen in 16 HK und in welcher Höhe sie in verschieden großen und hohen Räume angelegt sind:

Dimensionen des Raumes		Zahl der Lampen von 16 HK	Höhe der Lampen über dem Fußboden in m
Grundfläche in qm	Höhe in m		
22	3,8	2—3	2,3—2,5
32	4,4	5—6	2,3—2,5
56	5,3	9—12	2,5—2,8
100	6,9	16—20	2,8—3,1
156	9,4	25—30	3,5—3,8
246	12,5	40—45	4,0—4,4
350	14,0	60—70	4,7—5,3
450	15,7	100—120	5,6—6,3

Für die Feststellung der Benutzungsdauer von Lampen, von denen durchschnittlich als gleichzeitig brennend angenommen werden können, dient folgende Tabelle

Verbrauchsort	in Stunden Benutzungsdauer pro Jahr u. Lampe
Wohnungen	110—150
Läden	350—500
Bureaus	300—350
Hotels, Restaurants, Cafes	400—500
Theater, Vergnügungslokale	300
Bahnhöfe	bis 1800
Postämter	„ 1800
Fabriken	300—350
Straßenbeleuchtung	
a) halbnächtige	1800—2000
b) ganznächtige	3600—4000
Krankenhäuser	200—250

Soll eine eigene Stromerzeugungsanlage errichtet werden, so müssen heute ganz besonders scharfe Rechnungen durchgeführt werden. Die Kosten für Brennstoff, welche früher gering waren, ebenso die für Löhne, welche gleichfalls früher nicht in dem Maß in die Erscheinung traten wie in der Jetztzeit, spielen heute eine Rolle, welche nicht unterschätzt werden darf. Die Unsicherheit in den Lohnfragen und in der ganzen wirtschaftlichen Lage gestattet nicht, eine einigermaßen sichere Unterlage zu schaffen. Ist mit größter Vorsicht ein Entwurf aufgestellt, so soll versucht werden, als Gegenstück eine Rentabilitätsberechnung bei Anschluß an eine Überlandzentrale aufzustellen. Leider macht sich bei den Überlandzentralen immer mehr und mehr das Bestreben geltend, einfach Preise und Verträge zu diktieren, Verhandlungen aber abzulehnen. Ob dieser Weg der richtige ist, mag dahingestellt bleiben. Wahrscheinlich ist, daß bei einer Besserung der Lage Eigenanlagen wieder zunehmen werden, wenn die Überlandzentralen dann nicht mehr Entgegenkommen zeigen sollten.

Die Stromerzeugungskosten zerfallen in

a) direkte
für Brennmaterial, Schmieröl, Putzmittel, Kühlwasser, Ausgaben für Reparaturen, Versicherungen und Löhne.

b) indirekte
für Verzinsung, Tilgung des Anlagekapitals.

Die Verzinsung erfordert z. Zt. Beträge, welche sehr voneinander abweichen, sie sind vollkommen von der Lage des Geldmarktes abhängig.

Gegenstand	Lebensdauer in Jahren	Gegenstand	Lebensdauer in Jahren
Dampfmaschinen . . .	20—25	Turbinen	25—30
Dampfkessel	10—15	Transmissionen . . .	25—30
Pumpen	25—30	Gebäude	100—150
Rohrleitungen	30—50	Kamine	80—100
Dynamomaschinen für Gleichstrom	18—25	Schaltanlagen und Apparate	15
Dynamomaschinen für Drehstrom	25—30	Kabelnetze	20—30
Transformatoren . . .	25—30	Blanke Leitungen . .	15—20
Akkumulatoren . . .	10	Eiserne Masten . . .	25—30
		Hölzerne Masten . .	10—20

Die Sätze für Abschreibung richten sich nach der Lebensdauer der einzelnen Anlageteile, welche in der vorstehenden Tabelle gegeben sind.

Infolge der oft mangelhaften Wartung während des Krieges und der schlechten Materialien für Reparaturteile sind manche Maschinen in ihrer Lebensdauer sehr herabgesetzt. Hiermit muß bei der Bewertung alter Anlagen von Fall zu Fall gerechnet werden.

Im allgemeinen kann mit folgenden Sätzen gerechnet werden:

Gegenstand	Amortisation in %	Reparaturen in %
Dampfmaschinen	5	1,5—2
Kessel	5	2
Rohrleitungen	2	2
Schalttafeln	2,5—5	2
Turbinen	5	1,5
Dynamos	5	1,5
Akkumulatoren	10	2,5
Transformatoren	3,5	1—1,5
Freileitungen	3,5	1,5
Kabelnetze	5	0,5—1
Gebäude	2	0,5
Kamine	2	0,1

Bei der heutigen Geldentwertung müssen diese Sätze so umgerechnet werden, daß die heutigen Anschaffungspreise zugrunde gelegt werden.

Für die Verzinsung sind die wirklichen Anschaffungswerte unterzulegen, für Tilgung und Amortisation die Zeitwerte, welche an Hand der Multiplikatoren, welche die Preisstelle des Zentralverbandes der deutschen elektrotechnischen Industrie herausgibt, errechnet werden. Erfolgt eine zu niedrige Bewertung, so können bei eintretenden Schäden ganz gewaltige Verluste eintreten.

Bei Annahme einer Verzinsung von 1%, 3%, 3,5%, 4% und 5% ergibt sich z. B. für eine Summe von 1000 Mark folgende Tilgungsquote pro Jahr:

Anzahl der Jahre	Tilgungsquote in Mark bei				
	1%	3%	3,5%	4%	5%
2	497,50	492,61	491,40	490,20	487 85
3	330,02	323,53	321,94	320,35	317,21
4	246,28	239,03	237,25	235,49	232,01
5	196,04	188,36	186,48	184,63	180,98
6	162,55	154,60	152,67	150,76	147,02
7	138,63	130,51	128,55	126,61	122,82
8	120,69	112,46	110,48	108,53	104,72
9	106,74	98,43	96,45	94,49	90,69
10	95,58	87,23	85,24	83,29	79,50
11	86,45	78,08	76,09	74,15	70,39
12	78,85	70,46	68,48	66,55	62,83
13	72,41	64,03	62,06	60,14	56,46
14	66,90	58,53	56,57	54,67	51,02
15	62,12	53,77	51,83	49,94	46,34
16	57,94	49,61	47,68	45,82	42,27
17	54,26	45,95	44,04	42,20	38,70
18	50,98	42,71	40,82	38,99	35,55
19	48,05	39,81	37,94	36,14	32,75
20	45,42	37,22	35,36	33,58	30,17
22	40,86	32,75	30,93	29,20	25,97
25	35,41	27,43	25,67	24,01	20,95
30	28,75	21,02	19,37	17,83	15,05
35	24,00	16,54	15,00	13,58	11,07
40	20,46	13,26	11,83	10,52	8,28
42	19,28	12,19	10,80	9,54	7,40
45	17,71	10,79	9,45	8,26	6,26
47	16,77	9,96	8,67	7,52	5,61
50	15,51	8,87	7,63	6,55	4,78
100	5,87	1,65	1,16	0,81	0,38

Sachregister.

Die Zahlen bedeuten die Seiten.

Buchdruckerei für fremde Sprachen Max Schmersow, Kirchhain N.-L.

Buchdruckerei für fremde Sprachen Max Schmersow,
Kirchhain N.-L.